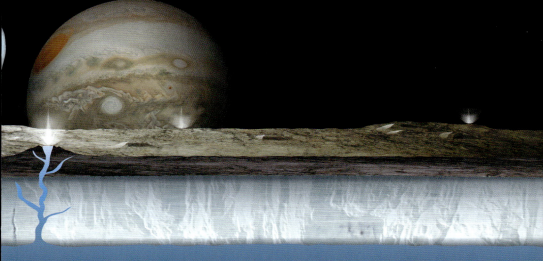

宇宙の水を求めて

水探査から始まる宇宙大航海

長谷部信行・
内藤雅之・
清水創太 著

恒星社厚生閣

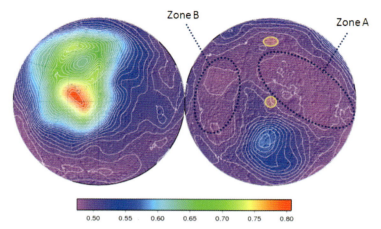

図 3.10（P.71参照）

図 4.1（P.81参照）

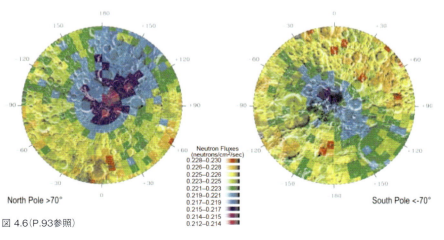

図 4.6（P.93参照）

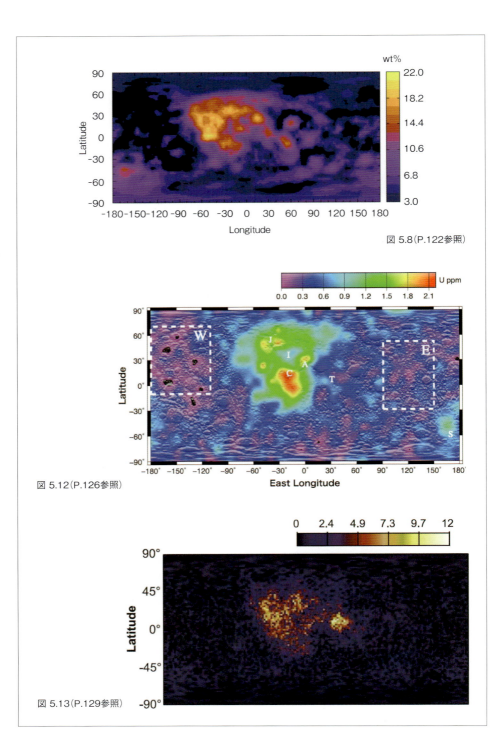

図 5.8（P.122参照）

図 5.12（P.126参照）

図 5.13（P.129参照）

まえがき

　イベリア半島から始まった大航海時代から大規模なグローバル化が始まり、全ての大陸の最高峰登頂、南極・北極への到達、深海の調査などなど…
　人類はその活動領域を拡大してきました。今日では人は大気圏外に飛び出し、月に到達するに至り、無人探査機は太陽系内の惑星すべてに送り込まれています。衛星軌道上には人が常駐して生活できる国際宇宙ステーションが建造され、月・小惑星・彗星から試料を持ち帰るようになりました。こうした宇宙の大航海時代は、今後いよいよ本格化しようとしています。
　2023年には、「アポロ計画」以来再び人類を月に送ろうというアメリカの「アルテミス計画」が始動しました。世界は月への有人着陸に次々と挑もうとしています。「アルテミス計画」は、米国、カナダ、日本、UAEなど、23ヵ国が合意している国際的なプロジェクトで、月に宇宙飛行士が長期滞在し、人類が実際に暮らすためのさまざまな研究・開発が計画されています。さらに、ゆくゆくは火星に人類を送るという実に壮大なプロジェクトです。アポロ時代の計画とは異なり国家主導だけでなく、民間企業の参加の動きも大変活発です。
　このプロジェクトは、月の極域には高い確率で「水」がありそうだということから始まりました。水は将来の月面活動に必要な農業や経済活動にはなくてはならない資源です。それ以外にも、水から水素と酸素を取り出すことができます。水素は、ロケットや月面自動車などの燃料として利用できるほか、月での暮らしに必要な電力も得られます。そのために実際、世界の各国がいち早く月の水を見つけようと計画しています。本書では、月のどこにどのくらいの水資源が眠っていて、それをどうやって見つけるのか、をお話しします。もちろん、私たちが飲める飲料水にするには、その後、掘削、浄化・

加工しなくてはなりません。

　水の惑星地球では、水はそのほとんどが海に分布しています。海は生命の宝庫です。すべての生物は水を利用して生きています。細胞内の物質や栄養素の輸送に水は重要な役割を果たしているため、天体上の水の痕跡は生命の痕跡と捉えられることも少なくありません。太陽系内での生命の探査において、これまで数多くの探査機が火星に送られ、生命の存在やその痕跡を確認しようと試みられてきました。一方、太陽系外を見てみると、宇宙には太陽系外の惑星が沢山見つかっています。それらの中には地球に似た惑星もあるようです。そうした天体には生命体が存在するかも知れませんが、残念ながらまだその発見には至っていません。近年では、宇宙の水探査を契機とした地球外生命体の探索の旅が始まり、活気づいているのです。

　私たちは宇宙で水資源を確保しようとしています。水が宇宙に存在するということは、俄然、地球以外に生命体は存在するという説が信憑性を帯びてきます。本書を通じてお伝えしたことが、皆さんの何となく退屈だった日常風景に、ほんの少しでも変化を与えてくれるものであってくれれば嬉しく思う次第です。

　　2024 年 7 月

著者一同

目 次

はじめに　i

1章　水の性質　　1

1.1　はじめに …………………………………………………………………………… 1
1.2　水の性質 …………………………………………………………………………… 1
　Q 1-1　水分子はどのような構造をしていますか? …………………………… 2
　Q 1-2　水の他に生命の誕生や生命を維持するのに重要な物質はありますか? …… 3
　Q 1-3　水の3態（氷、水、水蒸気）について教えてください。 ……………… 5
　Q 1-4　水の3態はどのようにして状態が切り替わりますか? ………………… 5
　Q 1-5　水の3態が日常で利用されている場面はありますか? ………………… 6
　Q 1-6　氷は水に浮くのはなぜですか? …………………………………………… 7
　Q 1-7　なぜ、水はいろいろな物質を溶かすことができるのですか? ………… 7
　　　　　　　　　　　　　　　　　　　　　　　　　　　　　　　　………… 8
　　　　　　　　　　　　　　　　　　　　　　　　　　　　　　　　………… 9
　　　　　　　　　　　　　　　　　　　　　　　　　　　　　　　　………… 9
　　　　　　　　　　　　　　　　　　　　　　　　　　　　　　　　………… 10
　　　　　　　　　　　　　　　　　　　　　　　　　　　　　　　　………… 12
　　　　　　　　　　　　　　　　　　　　　　　　　　　　　　　　………… 13
　　　　　　　　　　　　　　　　　　　　　　　　　　　　　　　　………… 13
　　　　　　　　　　　　　　　　　　　　　　　　　　　　　　　　………… 14
　　　　　　　　　　　　　　　　　　　　　　　　　　　　　　ですか? …… 15
　　　　　　　　　　　　　　　　　　　　　　　　　　　　　　　　………… 15
　　　　　　　　　　　　　　　　　　　　　　　　　　　　　　　　………… 15
　　　　　　　　　　　　　　　　　　　　　　　　　　　　　　　　………… 16

宇宙の水を求めて　正誤表

本書の記述に誤りがございました。お詫びして訂正いたします。

頁	箇所	誤	正
44	4行目	…とり扱ない…	…とり扱わない…
53	Q3-2 4行目	…太陽系以外の**構成**に…	…太陽系以外の**恒星**に…
90	Q4-13 8行目	…して物体2は**物質**1の衝突…	…して物体2は**物体**1の衝突…
90	図4.4	物質1、物質2	物体1、物体2
132	Q6-1 最終行	…除けば今ところ…	…除けば今のところ…

　Q 1-17　水素はどのように利用されていますか? ………………………………… 16
　Q 1-18　水素はどのような形でエネルギー源として利用されていますか? …… 17
　Q 1-19　水の電気分解に必要なエネルギーはどのくらいですか? …………… 17
　Q 1-20　水の電気分解で生成する酸素について教えてください。 …………… 18
　Q 1-21　地球の酸素濃度はいつごろから現在の値になったのですか? ……… 18

コラム2　ロケットエンジンとジェットエンジンとの違いは何ですか? ……………… 20

2章　水は生命の源　　21

2.1　はじめに …………………………………………………………………………… 21

2.2　生命について ··23
- Q 2-1　生命とは何か? ·· 23
- Q 2-2　遺伝と進化はどのような関係ですか? ·· 24
- Q 2-3　生物の進化は連続的でなく不連続なのですか? ······························ 25
- Q 2-4　知的生命体の誕生まで約 40 億年もかかったのですか? ·················· 26
- Q 2-5　生命が持続していく条件は何ですか? ·· 28
- Q 2-6　ハビタブルゾーンとはどういう場所でしょうか? ························· 28

2.3　生命の起源 ···30
- Q 2-7　生命はどこで生まれたのでしょうか? ·· 30
- Q 2-8　アミノ酸は生命の源なのですか? ··· 31
- Q 2-9　生命の起源物質は何ですか? ·· 32

コラム 3　地球外物質の隕石について ···33

- Q 2-10　有機化合物であるアミノ酸はどのように合成されたのですか? ····· 34

2.4　生命に満ち溢れた惑星・地球 ···34
- Q 2-11　生命が誕生した頃の地球はどんな環境でしたか? ························· 35
- Q 2-12　生命誕生から光合成の開始までの生物進化のシナリオを教えてください。35
- Q 2-13　地球全球凍結の後に、光合成をする生物が出現したって本当ですか? ··· 36
- Q 2-14　多細胞生物、陸上植物、ほ乳類の出現はいつ頃ですか? ··············· 37
- Q 2-15　進化には長期間安定した環境が必要ですか? ································ 38
- Q 2-16　なぜ太陽が生命活動の源になるのですか? ···································· 39
- Q 2-17　自然界の生物の食物連鎖と生物界のエネルギー循環との関係は何ですか? ·· 39
- Q 2-18　太陽光に依存しない生態系がありますか? ···································· 40
- Q 2-19　生命は熱水から生まれたのでしょうか? ······································· 41
- Q 2-20　極限環境で生きている生物はどんなものですか? ························· 41
- Q 2-21　微生物はどんな生き物ですか? ··· 43
- Q 2-22　生態系における微生物の役割は何ですか? ···································· 44
- Q 2-23　生物の進化に微生物はどのように関係しているのですか? ··········· 44
- Q 2-24　宇宙の生命体についての微生物の役割を教えてください。 ··········· 45
- Q 2-25　将来の火星居住域で育てる動植物で微生物の役割は何でしょうか? ······ 45
- Q 2-26　宇宙生物学とはどのような学問ですか? ······································· 46
- Q 2-27　地球外生命は存在するのでしょうか? ··· 47

3章　地球や月の起源 ···51

3.1　はじめに ···51
3.2　微惑星と地球型惑星の形成 ···52
- Q 3-1　太陽系の天体はどのようにして生まれたのですか? ······················· 52
- Q 3-2　各プロセスで形成した物質はどういうものですか? ······················· 53
- Q 3-3　太陽系内の惑星の特徴を教えてください。 ···································· 53

- 3-4 地球型惑星はどうやってできたのですか?·· 55
- 3-5 地殻やマントルを構成する物質はどういうものですか?································ 56

3.3 月の起源 ·· 57
- 3-6 月の形成モデルにはどのようなものがありますか?····································· 57
- 3-7 巨大衝突説が最も有力と聞いたことがありますが、本当ですか?············· 58
- 3-8 巨大衝突説にもまだ問題点があるのですか?··· 59
- 3-9 地球と月の原材料はどこからやってきたのですか?··································· 60

3.4 太陽系天体としての月 ··· 60
- 3-10 月の特徴はどのようなものですか? ·· 61

3.5 月面の有人活動 ··· 62
- 3-11 将来的に人が月で活動する時代がやってくるでしょうか? ······················ 62
- 3-12 月で人が滞在するときに問題になることは何ですか? ···························· 63
- 3-13 月の日照時間について教えてください。·· 64
- 3-14 15日間の昼夜で月はどのくらいの温度になりますか? ···························· 64
- 3-15 大きな温度差によってどのような問題が起こりますか?·························· 65
- 3-16 地球では白夜のような現象がありますが、月でも同じ現象は起きますか? · 65
- 3-17 逆の極夜についてはどうですか? ··· 66

3.6 高地と海 ··· 67
- 3-18 全球的に見ると月はどのような姿なのですか? ·· 67
- 3-19 月の表裏はなぜ生まれるのですか? ··· 68
- 3-20 月の明暗はなぜ生まれるのですか? ··· 68
- 3-21 高地と海の岩石はどのように異なるのですか? ·· 68
- 3-22 鉱物が違うと色が違って見えるのですか? ·· 69
- 3-23 高地と海はどのようにつくられたのですか? ·· 70
- 3-24 マントルが再溶融して海をつくった理由にはどんなものがあるのですか? ·· 70
- 3-25 海の方が高地よりも後でできた地形ということですか? ························ 72
- 3-26 月の地質年代について教えてください。·· 73
- 3-27 月のクレーターはどのような構造をしていますか? ································ 75
- 3-28 地球のクレーターも同じような形状をしていますか? ··························· 76

4章 月の水探査 ··· 79

4.1 はじめに ··· 79
4.2 無水の月から有水の月へ ··· 80
- 4-1 昔は月にはほとんど水がないと考えられていたと聞きました。
  今なぜ月の水が注目されているのですか? ·· 80
- 4-2 月の水の供給源としてどんなものが考えられますか? ···························· 81
- 4-3 月が乾いていると考えられていた理由は何ですか?································· 82
- 4-4 内部水の起源とはなんですか? ·· 83
- 4-5 内部水の存在を知るためには、どんなことが重要になりますか? ············ 84

- Q 4-6 マグマの含水量を知るための方法として、どのようなものがありますか？ ···· 84
- Q 4-7 外部水の起源とは何ですか？ ·· 85
- 4.3 月の水資源探査 ··· 86
  - Q 4-8 月の水資源探査について教えてください。 ······································ 86
  - Q 4-9 月の水資源はどこにあるのですか？ ·· 86
  - Q 4-10 月の水探査の始まりはいつからですか？ ··· 87
  - Q 4-11 アポロ・ルナ計画の月試料の水分析について教えてください。 ········· 87
- 4.4 水資源の観測方法 ··· 88
  - Q 4-12 月に水があると考えられるようになったのはいつ頃からですか？ ········ 88
  - Q 4-13 中性子測定による水検出の原理を教えて下さい。 ······························ 90
- 4.5 ルナプロスペクターによる水の発見 ·· 92
  - Q 4-14 ルナプロスペクターの成果について詳しく教えてください。 ··········· 92
- 4.6 近年の水探査 ··· 93
  - Q 4-15 近年の月の水探査について教えてください。 ································· 93
- 4.7 LRO/LCROSS の成果 ··· 96
  - Q 4-16 LRO の成果とはどういうものですか？ ··· 96

5 章　これからの月の水探査計画 ··· 99

- 5.1 はじめに ··· 99
- 5.2 これからの月探査計画 ··· 100
  - Q 5-1 これからの月の水探査はどのように進んでいくのでしょうか？ ········ 100
  - Q 5-2 月・惑星探査の意義は何でしょうか？ ··· 101
  - Q 5-3 なぜ月に人を送る必要があるのですか？ ··· 102
- 5.3 打上げロケットシステムとオリオン宇宙船 ·· 103
  - Q 5-4 アルテミス計画で使用される巨大ロケット SLS について教えてください。 ·· 103
  - Q 5-5 地球－月間の輸送をするオリオン宇宙船について教えてください。 ········ 104
- 5.4 アルテミス計画と有人宇宙ステーション・ゲートウェイ ····················· 105
  - Q 5-6 アルテミス計画はどのような宇宙開発ですか？ ······························ 105
  - Q 5-7 もう少し具体的にアルテミス計画を教えてください。 ····················· 106
  - Q 5-8 ゲートウェイ（Gateway）はどのような計画ですか？ ····················· 107
  - Q 5-9 ゲートウェイは月面着陸や将来の火星探査の月周回の有人拠点となるのですか？ ··· 109
- 5.5 月面着陸船 ·· 110
  - Q 5-10 月面着陸船はどんな宇宙船ですか？ ··· 110
  - Q 5-11 ゲートウェイは月面天文台や火星探査の中継基地となるのですか？ ······· 111
- 5.6 超小型衛星を利用する水探査 ··· 111
  - Q 5-12 超小型衛星の特徴はどんなところですか？ ··································· 112
  - Q 5-13 超小型衛星を月の水探査に利用できますか？ ································ 112
- 5.7 天文台 SOFIA による水観測 ·· 113
  - Q 5-14 衛星探査以外で水探査は行われていますか？ ································ 113

5-15 SOFIA による月の水観測ではどのような結果が得られたのですか? ………114

5.8 ルナトレイルブレイザー計画 ……………………………………115
5-16 ルナトレイルブレイザー計画について教えてください。……………115

5.9 日本の月探査計画 ……………………………………………116
5-17 日本の月探査計画への取り組みを教えてください。……………116
5-18 小型月着陸実証機 SLIM とはどんな宇宙機ですか? ……………116
5-19 重力天体への着陸が技術的に難しい理由は何ですか?…………117
5-20 SLIM はどこに着陸しましたか? …………………………………118
5-21 月極域探査機 LUPEX について教えてください。………………118

5.10 月の水以外の資源 ……………………………………………119
5-22 水以外に月にはどんな資源がありますか? ……………………119
5-23 月資源の利用について教えてください。…………………………120
5-24 月に金属資源はありますか? …………………………………121

5.11 月の縦孔 ………………………………………………………122
5-25 月面に有人拠点の候補はありますか? …………………………122

5.12 月面の電力事情 ………………………………………………126
5-26 月面で電力を確保することはできますか? ……………………126

5.13 ³He と核融合発電 ……………………………………………127
5-27 ウラン以外に利用できる元素はありませんか? ………………127
5-28 ³He は月面のどの領域に多く存在するのですか? ……………128
5-29 ³He は核融合以外ではどのような利用がされていますか? ………129

6章 これからの生命探査 ………………………………………131

6.1 はじめに ………………………………………………………131
6.2 火星の生命探査 ………………………………………………132
6-1 火星にはかつて川、湖、海があり、大量の水があったのですか?………132
6-2 生命が存在する環境として火星は適していたのですか? ……………133
6-3 火星環境はどのように進化してきたのですか? …………………133
6-4 探査機が初めて火星に到達したのはいつ頃ですか? ………………134
6-5 火星の着陸探査はどのくらい行われていますか? …………………135
6-6 現在計画されている火星探査計画はどのようなものがありますか。………137
6-7 パーシビアランスとキュリオシティの違いは何でしょうか? ……………138
6-8 パーシビアランスにはどんな装置が載せられていますか? ……………139
6-9 日本の火星衛星探査機 Mars Moon Exploration（MMX）について教えて下さい。…139
6-10 MMX の目的は何ですか？ ………………………………………140
6-11 MMX にはどのような観測機器が搭載されるのですか? ……………141

6.3 火星以外の太陽系内の生命探査 ………………………………142
6-12 火星以外に生命が存在する可能性が高い天体はありますか? …………142
6-13 エンセラダスはどのよう衛星ですか?……………………………143

- 6-14 エンセラダスは地下海に生命の存在する可能性が高いって本当ですか? ……144
- 6.4 太陽系外惑星の探査 ……………………………………………………144
  - 6-15 太陽系外惑星って何ですか? ……………………………………145
  - 6-16 系外惑星はどのように探すのですか? ……………………………146
  - 6-17 私たちの銀河(天の川銀河)に系外惑星はどのくらいありますか? ……148

コラム 4　恒星のスペクトル分類について ……………………………………149

- 6-18 系外惑星の中で、地球環境に近い天体はどのくらいありますか? ……150
- 6-19 系外惑星衛星の探査について教えてください。……………………151
- 6-20 KEPLER はどんな望遠鏡ですか? ……………………………………152
- 6-21 KEPLER の観測成果を教えてください。……………………………152
- 6-22 系外惑星探査衛星 TESS について教えてください。………………153

コラム 5　Habitable Exoplanets Catalog ……………………………………154

- 6-23 これまでの宇宙望遠鏡にはどのようなものがありましたか? ……155
- 6-24 ジェイムズ・ウェッブ宇宙望遠鏡(JWST)の特徴について教えてください。…155
- 6-25 JWST の観測機器について教えてください。………………………156
- 6.5 系外生命探査について …………………………………………………158
  - 6-26 系外惑星の生命体の存在をどのように調べようとしているのですか? ……158
  - 6-27 トラピスト-1 系やケプラー-22 系などが生命の存在確率が
        高い理由は何ですか? …………………………………………………159
  - 6-28 トラピスト-1 はどんな星ですか? ……………………………………160
  - 6-29 ケプラー 1649c について教えてください。…………………………162
  - 6-30 生命にとって赤色矮星と太陽のような恒星ではどちらが
        よい環境の惑星が生まれるのでしょうか? ………………………163
  - 6-31 系外惑星は主星の大きさだけでなく惑星の大きさも重要ですか? ……164
- 6.6 深宇宙の新しい探査機 …………………………………………………164
  - 6-32 太陽系外惑星へ探査機を送って直接観測できませんか? ……165

コラム 6　ブレイクスルー・スターショット ……………………………………166

参考文献 ………………………………………………………………………………167
あとがき ………………………………………………………………………………175
索　引 …………………………………………………………………………………177

1章
水の性質

1.1 はじめに

　水は私たちにとって最も身近で、なくてはならないものです。地球は表面の約70％が海で覆われる水に恵まれた惑星です。地球には様々な生き物が生きているという点で、太陽系の中では特異な惑星です。その中で水の役割は、動物、植物を育て生産する農業や、物質を溶かしたり洗浄したりする産業など、多くの分野で役に立っています。水は生活の中で欠くことのできない身近な存在ですが、自然界の他の物質と比べて様々な特異な性質をもち、生活環境において、また生命にとっても、水は重要な役割を果たしています。

　本章では、水の性質や役割について考えるとともに、水を構成している水素と酸素の特徴や性質についても考えてみます。

1.2 水の性質

　ここでは水の性質について考えてみましょう。はじめに、水分子の構造について取り上げます。

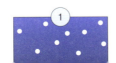

Q 1-1 水分子はどのような構造をしていますか？

水（H₂O）は二つの水素原子（H）と一つの酸素原子（O）が共有結合（H－O－H結合）した化合物です（図1.1、図1.2参照）。一般に、異なる原子が結合するとき、それらの原子がお互いに電子を1個ずつ出し合って電子を引き付けて共有電子対をつくります。このとき、原子が電子を自分の方に引き寄せる力の目安として**電気陰性度**があります。この大きさは元素の種類によって異なります。電気陰性度はフッ素Fが最大で、次に酸素O、窒素N、炭素C、水素Hと続きます。電気陰性度が高い原子ほど電子を引き寄せる力が大きく、共有電子対を自分の方に引きつけることができます。

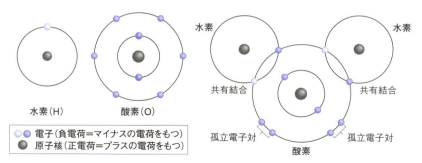

図1.1 水素原子と酸素原子の構造。　　図1.2 水分子および共有結合の構造。

そのために、水分子のO－H結合は、完全に中性ではなく、酸素側が電気的に負、水素原子側が正となった偏った構造となります。これは磁石のような働きをもったが、水分子間の水素がもつ正極と酸素のもつ負極として働き、お互いに引き合う電気的な力を示します。このような構造を**極性**と呼び、水は代表的な極性物質です。

液体の水は孤立した水分子H₂Oの寄せ集めではなく、水分子がいくつか連なったり、またそれが壊れたりして自由に運動しています。水がいろいろ

な形に変化できるのは、分子がこのように自由に動いているためです。いくつかの水分子同士が繋がった集合体を水クラスターと呼んでいます（図1.3参照）。常温の水では、5個から十数個の分子が繋がったクラスターを形成しています。液体の水はクラスターを形成しながら、他の物質と電気的に結びついて多くの化合物を形成して特異な性質を示します。

水クラスターは、短時間（1 ps = 10^{-12} 秒のオーダー）で生成したり消滅したりしながら、動的に変化しています。生物の細胞では、微小な組織内を液体が短時間で変化をしながら細胞膜を浸透して、液体が組織間を移動しています。

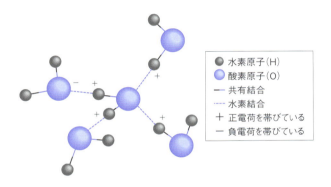

図1.3 水の4つの水素結合（クラスター）の構造。

Q 1-2 水の他に生命の誕生や生命を維持するのに重要な物質はありますか？

生命を維持していくには有機物の溶媒となる液体が必要です。地球の生物の大部分は水が溶媒となっていますが、地球以外の天体では水以外の液体、例えばアンモニアやメタンなどを溶媒としている生命体の存在を否定することはできません。太陽系の天体の中には、アンモニアやメタンなどの物質が検出されています。

アンモニア NH₃ は窒素原子に 3 個の水素原子が結びついた分子です（図 1.4）。電気陰性度は N 原子の方が H 原子よりも高いので、N 原子が共有電子対を引き寄せます。アンモニアの分子構造は三角錐形で、負電荷の重心の位置は N 原子の位置にあり、正電荷の重心は底面の三角形の重心の位置となるために全体の極性は打ち消されません。アンモニア分子同士は水素結合で結びついて大きな分子として振る舞い、融点や沸点が高くなる点も水と同じです。ただし、アンモニアは常圧で融点－77.73℃、沸点－33.34℃、液体の温度範囲は約 45 度、水の 100 度と比べると半分以下です。常圧では無色で刺激臭をもちます。水によく溶けるために水溶液（アンモニア水）として使用されています。地球ではアンモニア濃度の高い場所はほとんどないため、地球の多くの生命はアンモニア濃度の低い環境で進化してきました。したがって、地球の生物のほとんどにとっては、アンモニアは毒となっています。しかしながら、アンモニア濃度の高い環境で進化した生命が存在すれば、私たちにとっての水のようにアンモニアが必須の物質として生きているかもしれません。

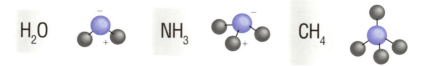

図 1.4　水、アンモニア、メタンの分子構造。

　次に、メタンについて考えてみましょう。メタン CH₄ は最も単純な炭化水素です。メタン分子は炭素を中心にした 4 つの等価な C － H 結合で構成されています。C － H も極性を示しますが、メタンの正四面体構造では互いに打ち消し合い、全体としては無極性分子になります。メタンは常圧で融点－183℃、沸点－162℃で、液体の温度範囲は大変狭く 21 度、常温常圧では無色・無臭で引火性の気体です。
　現在、地球温暖化で問題視されている気体はもちろん二酸化炭素 CO₂ で

1章　水の性質

すが、メタンも地球温暖化に大きな影響を及ぼす温室効果ガスです。メタンの温室効果は CO_2 の 20 倍以上とされています。将来はメタンやフロンガスなどの温室効果ガスが、CO_2 による地球温暖化への寄与を上回るかもしれません。

　約 40 億年前、初期の生命が誕生した場所は、深い海底の熱水が噴き出る環境だったと考えられています。この場所では、光合成をしないメタン菌が生息していたとされています。最近の研究からは、深海底の熱水が出る場所で、非常に熱を好むメタン菌が窒素を固定する役割を果たし、微生物の生態系が存在した可能性が高いことがわかっています。

Q 1-3　水の3態（氷、水、水蒸気）について教えてください。

　物質は固体、液体、気体の 3 つの状態を取ります。水の場合、氷（固体）が解けると水（液体）になり、さらに温度を上げると水蒸気（気体）になります。このように固体から液体、液体から気体に水の状態が変化することを三態変化といいます。この水の状態は、温度・圧力によって状態が決まります。

Q 1-4　水の3態はどのようにして状態が切り替わりますか？

　私たちが日常生活している大気圧での場合について考えてみましょう。水は冷やすと氷になり、熱すると水蒸気になったりして、3 つの状態で存在します。この水の三態変化を示したものが状態図で、概略を図 1.5 に示しました。横軸が温度で縦軸が圧力で示されています。各状態の境界線が A、B、C で示されています。境界線上では、2 つの状態が共存しています。例えば、1 気圧のもとで温度を上げていくと、はじめは氷の状態ですが P 点（0℃）に達すると、氷と水が共存する状態になります。これが融点です。さらに温

度を上げてQ点（100℃）に達すると、水と水蒸気が共存した状態になり、これが1気圧での沸点です。
　次にA線、B線、C線が交わる点Tが3重点です。この3重点の温度は0.01℃、圧力は0.006気圧で、氷・水・水蒸気の3態が共存しています。氷が水蒸気になることを昇華といいます。
　次に、A線に沿って温度と圧力を上昇していき374℃、218気圧（K点）以上になると液体と気体の差がなくなり、このK点を水の臨界点といいます。このK点を超えた温度と圧力での水は、特殊な媒体となり超臨界流体と呼ばれ特異な性質を示すようになります。この領域での水の物性は大きく変化します。この超臨界流体は医療、環境、エネルギーなど様々な用途に利用されています。

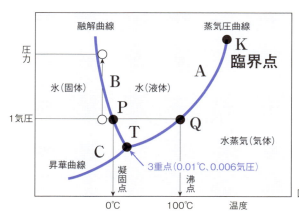

図1.5　水の状態図。

Q 1-5　水の3態が日常で利用されている場面はありますか？

　図1.5からわかるように、1気圧で水は100℃で沸騰します。しかし、山の頂上、例えば富士山の頂上では約80℃で沸騰します。圧力を低くすると水の沸点は低くなります。また、圧力を高くすると融点は下がります。例えば、

1章　水の性質

スキーやスケートはこの原理を利用したものです。雪や氷に体重が加わると、その部分の氷は融点が下がって氷は融けて滑りやすくなり、体重が移動すれば再び凍って元の状態にもどります。

Q 1-6　氷は水に浮くのはなぜですか？

　水が1気圧の下で0℃以下になると、熱エネルギーが低くなり、水分子の動きは小さくなり水分子は互いに結合して氷になります。図1.3に示したように水分子はクラスターを形成し立体的に結びついたり、壊れたりしながら動きまわっています。分子同士が隙間の間を動いたりして分子間の隙間が埋められます。しかし、温度が下がり氷になると分子と分子の間には隙間ができて、体積が大きくなります。その増加量は約10%です。

　ほとんどの物質は固化すると密度が増加します。水のように液体の方が固体よりも密度が大きい物質を、異常液体といいます。このような性質を示す物質は、水の他にはアンチモンSbやゲルマニウムGeなどごく限られています。

　この水の性質は、岩石の風化に関係しています。亀裂のできた岩石に水がしみ込み、凍結すると体積が増加し亀裂が広がります。長い年月にこれが繰り返えされ岩石は破壊されます。

　湖の中にいる魚を想像してみましょう。気温が下がり湖の水が凍ります。もしも氷の方が重いと、中にいる魚たちは凍った氷が下に沈みこんで押しつぶされてしまいます。氷の方が軽くて、水に浮いてよかったですね。

Q 1-7　なぜ、水はいろいろな物質を溶かすことができるのですか？

　水は他の物質に比べて、いろいろな物質（気体、有機物、無機物）を溶か

すことができます。例えば、川の水には、岩石や土壌に含まれている色々な無機物が溶け込み運ばれています。また、海水中には水を主成分として、塩化ナトリウム NaCl、塩化マグネシウム $MgCl_2$ をはじめとしてアルカリ金属塩、アルカリ土類金属塩が含まれ、微量ですが鉄 Fe、亜鉛 Zn、銅 Cu や金 Au、銀 Ag、ウラン U に至る 60 種以上の元素が含まれ、1L 当たり約 35 ｇも溶けています。無機物は、イオンになることで大量に水に溶けています。自然界の中で水ほど様々な物質を溶かす物質は他にありません。そのために、水は万能溶媒とも呼ばれています。

　水は優れた溶媒として様々な種類の物質が水に溶解することで、溶液となります。前に述べた様に、これは水の分子構造の性質によります。水分子の水素側はわずかに正の電荷をもち、分子の反対側は負の電荷が存在します。水素の正の端は他の分子の負のイオンを引き付け、負の領域は正のイオンを引き付ける性質があります。この分子極性により、他の分子を引き付けることで水は強力な溶媒になると考えられています。

Q 1-8　物を溶かす性質はどこで活かされていますか？

　様々な物質が水に溶けて吸収され運搬されることで、自然界の大循環がつくり出されています。例えば、人間や動物が栄養分を摂取すると、それは血液中に溶けて細胞まで運搬されます。植物については土の中に含まれる栄養分を吸い上げて、水に溶けて葉の隅々まで配られます。また、光合成でつくられた栄養分も細部まで輸送されます。

　太陽によって温められた川、湖、海の水は一部蒸発して雲となり雨となって地表に降り注ぎ、土や岩石に含まれる様々な成分を溶かしながら再び海に還ります。こうした地球規模の循環の中で、水は様々な物質を輸送しています。その循環の途中で水の一部は生物に取り込まれます。

　ヒトを含めた動物や植物の循環も水によって維持されています。ヒトの体

1章　水の性質

は約 60％が水で占められ、その中には生命を維持するために必要な物質がたくさん溶けています。体内の水は、栄養素や老廃物を溶かし運搬して、生命を維持するのに大切な反応を行なっているのです。

Q 1-9　地球の水は空・陸・海を循環してるって、本当ですか？

　地球上の水は、絶えず氷、水、水蒸気の状態を変えながら地球表面全域にわたって空、陸、海を循環しています。地球表面の大部分を占める水は海ですが、太陽エネルギーによって水は蒸発して上空で雲を形成し、大気の動きに乗って、雨や雪となって地表に降り注ぎます。これらの大部分（〜 90％）は海に戻るのですが、残りは陸地に運ばれ河川水・湖沼水・地下水となります。このように水は、地球をぐるぐる巡りながら、多くの命を育んでいます。

Q 1-10　その他に水の特徴的な性質はありますか。

　水分子は静電気的な力が作用してお互いに引き合おうとすることは、これまで述べてきました。水道の蛇口からこぼれ落ちる水滴は水玉状になっています。そして、コップに並々に注いだ水面が、盛り上がっているにもかかわ

表 1.1　常温での各種液体の表面張力*

物質	表面張力（単位:mN/m）
水	72.75
アセトン	23.3
ベンゼン	28.9
エタノール	22.55
メタノール	22.6

*表面張力の単位は、単位面積（m²）当たりの表面自由エネルギー（mJ）で表し、mJ/m²または、N/mを用いる。

らず水はこぼれません。これは、水分子同士が引き合う分子間力が強いので、表面積をできるだけ小さくしようとする力が作用しているからです。この力が表面張力です。水の表面張力の大きさを、身近な他の液体と比較してみました（表 1.1）。この表からも水の表面張力は大きいことがわかります。

1 円玉の素材はアルミニウム Al で、その比重は水の 2.7 倍なので、水に沈んでしまうはずです。しかし、コップの水の表面に 1 円玉を水面に平行に置くと 1 円玉は浮かびます。これも表面張力で水分子同士がお互いに結びつき、他の物質を排斥しようとしているからです。

Q 1-11 表面張力が引き起こす現象の例を教えてください。

液体の中に細い管を立てると、図 1.6 のように管内の液面が管外よりも高くなる（上昇）現象が起こります。これを毛細管現象と呼びます。

半径 r の円管の場合を考えてみます。表面張力を T、接触角を θ、重力加速度を g、液体の密度を ρ とすると、管内を上昇した液体の高さ h は、鉛直方向の力のつり合いから、次式で表わすことができます。

$$h = \frac{2T\cos\theta}{\rho r g}$$

上の式からわかるように、管内を上昇する高さ h は管の半径 r が小さいほど高くなります。

植物が水を吸い上げる仕組みは、毛細管現象が関係しています。植物は毛細管現象により、土壌に溶けた栄養分を細い根毛から吸い上げ、細い導管を通って茎の先や葉の隅々まで送り届けます。最後は葉の気孔から大気中へ水蒸気を蒸散します。この蒸散によって水分を失い葉の細胞内の濃度は枝・幹よりも高くなり、導管に水を吸い上げる力が働きます。また、植物の根には土壌から水を吸い上げやすくなるように、枝分かれをした細い根毛がのびて

いて、土壌との接触表面積を大きくなっています。土壌よりも根毛内の浸透圧が高いために土壌から根毛に水が流れ込むようになっています。このように植物の中では、根の浸透圧、毛細管現象、蒸散のおかげで、水は高い樹木の先端まで運ばれます。米国カリフォルニア州のセコイアの木には 100 m を超えるものがあり、水によって生命を維持しています。

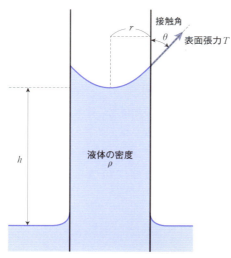

図 1.6　毛細管現象（上昇の場合）。

コラム1　海や湖は青く見えるのはなぜですか？

　実は、海や湖が青く見える理由と空が青く見える理由は違います。結論からいうと、海が青いのは青以外の色の光は吸収され、空が青いのは青色の光の散乱、という現象によって引き起こされています。

海や湖が青い理由

　コップに入れた水は無色透明ですが、海や湖が青く見えます。私たちの目に見える太陽光は可視光で、7色（赤、橙、黄、緑、青、藍、紫）あります。青い光は波長が短いためにより散乱しやすく、赤や黄色の光は水に吸収されてしまう性質をもっています。

　そのため、太陽光が海に当たると黄色や赤色の光は水に吸収されますが、青色の光は水の中で散乱され水面に出てくるので、青く見えます。海底にある珊瑚礁などからの反射、空の水面からの反射も合わさって、海や湖の色が青色になります。海底が白ければさらに反射率が上がり、海の中を青い光が戻ってくる量が増えるため、さらに顕著に青色に見えるようになります。

空が青い理由

　大気中には酸素や窒素の空気分子だけでなく、小さな微粒子が浮遊しています。空気分子や微粒子によって光の方向が乱れて、あちこちに向かい散らばります。これが散乱です。そのとき波長の短い青色の光ほどより強く散乱されて散らばり赤い光はまっすぐ通り抜けていき、私たちの目には空が青く見えるのです。青い光は赤い光に比べて10倍散乱します。

　夕日が赤いのは、青い光は散乱されて徐々に弱くなり、一方赤い光は散乱されにくく遠くまで届くので、大気中を長い距離を進むことができます。太陽の高度によって青い光が届きにくく、遠く地平線にある太陽からくる青色の光は失われ、私たちの目には赤い色が届くので夕焼けは赤く見えます。

1章　水の性質

1.3　地球の水資源

　水は地球上の生命にとって欠かすことができません。ヒトの体は主に水でできています。水は消化や排泄を含むほぼ全ての体の機能に不可欠です。ヒトの水は栄養素を食物から摂取し、血流によってその栄養素が体内の細胞に運ばれます。生き続けていくには、生物は重要な栄養を取り入れ、不要なものを排出します。

　水は家畜を清潔で健康に保ち、作物を育てるなど、農業でも広く使用されています。また、ヒトは、水と植物、動物、多くの昆虫や節足動物がいなければ、生き残ることはできません、これらの生物は地球上で共存しながら生き続けています。産業では、水は紙や化学薬品などの材料の輸送、洗浄、希釈、冷却、および製造に使用されています。工業製品をつくるには水は本質的になくてはならない物質なのです。

Q 1-12　地球にはどのくらい水があるのですか？

　地球には青く輝く大きな海があり、いろいろな生き物がたくさん住んでいます。地球表面の70％が海の水で覆われています。最初の生物は、海水に溶けた酸素、炭素、水素、窒素などが組み合わさって細胞がつくられ、海から生まれたといわれています。海は生命が生まれた場所だけでなく、それを守る役目も果たしてきました。生命が生まれてから約40億年の長い時間をかけて、生命は海の中で進化してきました。このことから、海のことを「母なる海」とも呼ぶこともあります。

　ところで、海は体積にしておよそ 1.34×10^9 km^3 の水があります。これは膨大な量にも思えますが、地球の半径が約6400 kmなのに対し、海の深さは平均約3 kmほどしかありません。地球の半径と比べると海がいかに浅いかがわかります。地球全体の質量でみると、水は全体の約0.023％に過ぎ

ません。このわずかな水が地球を宇宙の中でユニークな天体としているといえます。これらの水のうち海水が大部分（97.5％）を占め、残りが淡水です。淡水の約 70％ は南極大陸などの氷で、残りの大部分が地下水です。人が利用できる水資源（河川、湖、沼の水）は、地球上の水のわずか 0.01％ でしかありません。地球は「水の惑星」と呼ばれていますが、水の量は意外と少ないといえます。

Q 1-13 地球の内部に水はないのですか？

　地球の内部について考えてみましょう。地球は層構造を成し、その最も内側には核と呼ばれる部分があり、鉄やニッケルなどの重金属でできていると考えられています。しかし、水素などの軽元素も地球内部にあるといわれています。ところで、地球内部は深くなればなるほど圧力が高くなっていきます。物質の性質として重要なことは、圧力がかかると金属鉄は水素と反応して水素化鉄（FeH）を形成することがわかってきました。地球内部では圧力が高いので、水は水素と酸素に分解され、水素は金属鉄と結合して水素化鉄を形成します。

　地球がマグマの海（マグマオーシャン）の状態の時代には、現在の海水の総量よりも多く水が存在していたといわれています。核に運ばれた水の大部分は水素として取り込まれていると考えられています。

　海は地球全体の重量の約 0.023％ といいましたが（Q1-12）、マントルや核には相当な水が存在しているかもしれないということが、最近の研究からわかってきました。それらは地球形成の初期に微惑星によって大量にもたらされた水や水素です。

1章 水の性質

Q 1-14 地球が形成されたときに大量の水はどこからもたらされたのですか?

　太陽系の形成時(原始太陽系)において、太陽に近い宇宙空間では温度が高くなり水は気体(水蒸気)として存在しますが、太陽から遠くなると氷になります。その境をスノーライン(あるいはアイスライン)と呼んでいます。スノーラインの内側にある物質は乾燥して揮発性物質が欠乏した岩石惑星(地球型惑星)になり、一方、スノーラインの外側では大量の氷や揮発性物質(水・アンモニア・メタンなどの氷)を含む大きな原始惑星が形成されます。このスノーラインは、太陽から約 2.7 au(天文単位:太陽から地球までの平均距離を 1 au という)の位置で、火星と木星軌道の間にあたります。

　地球が生まれる初期の地球付近では、水を含め揮発性の物質は欠乏していました。しかし、木星が形成される時期になると、巨大な木星の重力攪乱の影響を受けて状況が大きく変化しました。すなわち、木星近傍にあった氷の微惑星が、その重力攪乱を受けて隕石となって地球に大量に降り注ぎました。もともと水のない地球でしたが、こうして豊かな水の惑星地球が生まれたのです。

1.4 水素と酸素の特徴と用途 ● ● ● ● ● ● ● ● ● ● ● ● ● ● ●

　これまで水の性質やその役割について述べてきましたが、ここでは水を構成している水素と酸素について紹介します。まずはじめに、水素について考えてみましょう。

Q 1-15 水素はどのような元素ですか?

　水素 H は宇宙を構成している元素の約 9 割を占め、宇宙に最も多く存在

15

する元素です。水素は非常に軽く、1 m³ の常温常圧の気体で約 89 g で、これは空気の約 14 分の 1 です。水素分子（H_2）は分子量が最も小さく、気体の中で最も軽く、同じ温度での分子速度は気体の中で一番大きい、という性質をもっています。熱伝導率も空気の約 7 倍も大きく、冷却効果に優れています。常温では反応性に乏しいですが、高温になると活性となり多くの金属や非金属元素と反応して水素化物を形成します。

　水素は酸素がないと燃えにくいのですが、点火すると爆発的に燃焼して水になります。特に、水素と酸素の混合比が 2：1 の混合物は最も激しく爆発します。

Q 1-16　水素はどのような形で地上に存在しますか？

　水素は地球上では、ほとんどが水（H_2O）として酸素と結合した形で存在しています。水を電気分解することで、気体の水素と酸素が取り出すことができます。水が十分あるということは、水素も十分あるということになります。水以外の物質としては、化石燃料やバイオマスの中にも水素が存在しています。

Q 1-17　水素はどのように利用されていますか？

　かつて水素は気球や飛行船の浮揚用のガスとして使用されていました。近年ではその利用用途は燃料電池自動車（FCV）、FC バス、発電など、エネルギーとして注目が高まっています。半導体加工、石油化学工業、ロケット燃料など、ますます用途が広がっています。半導体ウエハ、太陽電池シリコン、液晶・プラズマディスプレイ、光ファイバーなどの製造には、高純度の水素が不可欠です。

水を電気分解すると水素と酸素を取り出すことができることは先ほど述べましたが（Q1-16）、逆に水素と酸素とは容易に反応（燃焼、あるいは発電）して水を作ることができます。水素を燃焼させると、炭素を燃焼させる場合と比較して約4倍の熱量を生成します。燃焼時には炭素は二酸化炭素（CO_2）を生成するのに対し、水素は水と電子（電子）を生成するだけです。水素は循環型エネルギーであり、脱炭素社会の実現する道であることからも、注目を集めています。

Q 1-18 水素はどのような形でエネルギー源として利用されていますか？

水素は、－252.9℃（沸点）～－259.1℃（融点）で液体に変化します。重水素の場合は、沸点、融点とも約5℃高くなります。液体水素はLH$_2$（Liquid H$_2$）と略称され、ロケット燃料、燃料電池などに利用されています。

ロケットエンジンは液体水素を燃料として、液体酸素を酸化剤として利用します。液体水素の密度は－253℃（20K）の温度で70.8 kg/m^3 と小さく、単位質量当たりの発生エネルギーが最も大きいです。液体水素は最も高い比推力をもっていることから、最も効率のよいロケット燃料といえます。

Q 1-19 水の電気分解に必要なエネルギーはどのくらいですか？

水（H_2O）に直流電圧を加えて電気分解をすると水素と酸素に分解されます。

陰極：$2H_2O + 2e^- \rightarrow H_2 + 2OH^-$

陽極：$4OH^- \rightarrow 2H_2O + O_2 + 4e^-$

陽極での反応は、水酸化物イオンが電子を放出して酸素と水を生成、酸素が放出されます。一方、陰極では、電子を受け取り水素が放出されます。

水素イオンは一価のイオンなので、1モル（mol）の水素ガスを生成するためには電子2モルが必要です。したがって、1モルの水素ガスを生成するには2F（ファラド）の電気量が必要となります。ここで、Fは電子の電荷を表す定数でファラデー定数と呼ばれ、1Fは電子1モルの電気量で96,485クーロン（C）／モルです。標準状態の水素1 m^3（44.6モル）を生成するのに必要な電気量は89.3Fとなります。

　なお、純粋な水は電気を通さないので、例えば、少量の水酸化ナトリウムを加えて伝導性をもたせて電気分解をする必要があります。

Q 1-20 水の電気分解で生成する酸素について教えてください。

　酸素Oは、宇宙では水素H、ヘリウムHeに次いで3番目に多く存在しています。そして、フッ素Fに次いで大きな電気陰性度をもつ酸化力の強い元素です。

　酸素はほとんどの元素と発熱反応を起こして化合物（特に酸化物）をつくります。標準状態では、2個の酸素原子が二重結合した二原子分子である酸素分子O_2として存在しています。酸素は生物にとって不可欠なものです。また、ロケットエンジンでは、燃料（水素）の酸化剤として利用されます。

　地球の地殻で、酸素は最大の元素組成（質量の46.60％）を占めています。石英の成分である二酸化ケイ素SiO_2（質量の60.6％）が地殻の大部分を構成しています。空気中の酸素（O_2）は、体積比で21％（質量比で23％）を占めています。

Q 1-21 地球の酸素濃度はいつごろから現在の値になったのですか？

　地球大気の化学組成の中で二酸化炭素の量は、場所や時間によって変動し

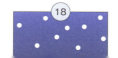

ますが、窒素（78％）・酸素（21％）・アルゴン（0.93％）など主要元素の割合は高度 20 km 以下ではほぼ一定です。大気中の酸素濃度が現在の 21％程度になったのは約 2.5 億年前と考えられています。それ以前の酸素濃度はかなり低いとされています。多細胞生物が登場したのは約 6 億年前ですが、海中に繁茂する緑色植物の光合成によって酸素が大量につくられ酸素濃度が増加したためだといわれています。

　約 4 億年前になると、植物が陸上へ進出し大気中の酸素濃度が高くなり、それに伴って成層圏のオゾン濃度も高くなりました。紫外線は遺伝と関係する DNA を損傷するので、生物にとって大変有害です。オゾン層が形成されると太陽からの有害な紫外線が吸収され地表では紫外線強度が弱まり、生物は爆発的に増殖し、そして酸素生産量も急増しました。

コラム 2
ロケットエンジンとジェットエンジンとの
違いは何ですか？

　ジェットエンジンは空気を取り込んで燃料を燃やすことで推力を得ています。一方、ロケットは空気のない宇宙を飛ぶため、燃料（推進剤）の他に酸化剤も積み込まれています。大型ロケットの燃料には液体水素、酸化剤として液体酸素を使用します。このように、ロケットエンジンとジェットエンジンの大きな違いは、「空気を取り込むか取り込まないか」ということです。

　ジェットエンジンは、空気を吸い込み圧縮機によって強制的に圧縮し、燃料を吹き込んで燃焼させタービンを回転させて推力を得ます。ジェット機は高度15 km を越えると空気が取り入れにくくなり、戦闘機でも 30 ～ 35 km の高度が上限です。

　ロケットの燃料は、固体燃料と液体燃料に分けられます。固体ロケットでは推進剤をあらかじめゴムに練りこんで成型し、これを燃やして推力を得ます。一方、液体燃料を利用するロケットでは燃料（液体水素）と酸化剤（液体酸素）を別々のタンクに貯蔵しておき、それらを燃焼室に送り込んで燃やして推力を得ます。水素燃料は軽く噴射速度も速いことから高性能なロケットエンジンをつくることができます。

2章
水は生命の源

2.1　はじめに

　宇宙を観測する技術が進むことで惑星科学、天文学、宇宙物理学は目覚ましい進歩を遂げています。1世紀前とは比べものにならないほど宇宙に関する知識は増大し理解が進んでいます。次々と新たな発見が見られていますが、一方、謎もどんどん増え新たな関心事が増えています。私たちの長年の関心事の一つに、「地球の生物」と同じような生物が他の惑星や宇宙にいるのかどうかということがあります。

　地球には豊かな「液体の水」が存在し、多様な生物が生息しています（図2.1）が、地球の隣の火星はどうでしょうか？　火星は太陽系の中で、地球に最も環境が似ているといわれています。しかし、現在の火星は似ているといっても、植物が生い茂る大地、海や川があり、生命が生存しているようには思えません。

　世界で初めて火星に接近した「マリナー4号」は、火星の表面を初めて写し出しました。そこは荒涼とした世界で、生命は存在しそうにもないところでした。その後、「マリナー9号」が火星周回に成功し、数多くの写真を撮影し、火星表面には川の流れで長い年月をかけて削られてできた大きな峡谷

が広がっていました。これは、かつて火星の表面には水が存在していたことを示唆しています。最近では、火星の表面付近に水が存在することが知られていますが、その水の大半は極地方で、氷として固まった状態にあることがわかってきました。そして、過去の火星は温暖で豊かな水に覆われ地球に似た環境であったといわれています。

　火星以外ではどうでしょうか？　金星や水星では、表面温度が高すぎて液体の水は存在できません。木星の衛星エウロパや土星の衛星エンセラダスでは、表面の氷の下に液体の層がありそうです。

　本章では生命とは何か、地球の生物の起源とは何か、生命に太陽光が必要か否か、地球以外の宇宙に生命は存在するのか、などについて話を進めていきます。

図 2.1　多様な生物は水の中で生きている。

2章　水は生命の源

2.2　生命について ● ● ● ● ● ● ● ● ● ● ● ● ●

　生命を宿しているものが生物で、一般に生き物を指しています。未確認の生き物を含めていう場合には「生命体」を使うようです。「生命とは何か？」という問いに答えることは大変難しく、生命の定義は未だ定まっていません。現在、私たちは地球の生物しか見たことがなく、生命の知識は地球の生命に限定されています。将来、地球外に生命体が発見されると、私たちの生命に関する知識は広がり、「生命の定義」についての考え方は変わるに違いありません。

Q 2-1　生命とは何か？

　現在、「生命の定義」とは、以下の3つの条件を満たすものとされています。
　① 外界と膜で仕切られている
　② 代謝をしている
　③ 複製増殖をしている

　全ての生物は無数の細胞ででき、その細胞は細胞膜で包まれています。①の「膜」は細胞膜と考えてよいでしょう。細胞は高分子の有機物で構成され、それらが外部に拡散しないように膜で囲まれています。その内部では、化学反応により物質濃度が高められ、様々な化学反応を効率的に行えます。

　生物の活動によって物質が別の物質に変換される化学反応を、②代謝と呼びます。そして、この代謝によって外界から取り込んだ物質やエネルギーを細胞内で化学反応させることにより、新たにエネルギーを生み出します。代謝とはエネルギーの生産ともいえます。

　全ての生物は、③自己増殖ができます。自己増殖の能力をもたなければ無生物ということになります。このことは、全ての生物がよく似た子孫を再生産すること（遺伝）ができるということです。

Q 2-2　遺伝と進化はどのような関係ですか？

　生物は安定した遺伝性をもっていますが、自分とは少し違う子孫を再生産する変異性ももっています。遺伝による再生産が完全なコピーであれば、生物の進化は起こり得ません。全ての変異型が進化に影響するわけではありませんが、生物の変異性は進化に貢献することはあり得ます。

　遺伝性に関するこの性質は、DNA が絶対的に安定した性質ではないことを示しています。例えば、放射線を照射したり、ある薬品を投与したりすると、DNA または染色体の一部が変化（損傷）します。その損傷が小さければ細

図 2.2　自然淘汰において、生存・繁殖では、有利に作用するものは保存され、有利でないものは除去され、遺伝的変異が選択される。キリンは首が長く進化することで、他の生物が食べることができない高所の植物を食べられるようになった。

胞はそこを修復します。しかし、損傷が大きいと修復できず、その生物は生存できなくなるか、元の生物とは異なる変異体になります。そして、この変異した生命は、生存、繁殖において自然淘汰した適者が生存し、そうでないものは除去されます（図 2.2）。

Q 2-3　生物の進化は連続的でなく不連続なのですか？

　約 40 億年前に原始的生物が発生しました、それから、今日の多様化した生物の進化にいたるまで、生物はゆっくりと少しずつ連続的に変化した、と思っている人も多いかもしれません。しかし、進化の歴史を見てみると、決して連続しているものではなく、ところどころに不連続な部分があります。その点に着目すると進化の歴史が理解し易くなるかもしれません。

　地球では少なくとも 3 回、ほぼ地球全体が厚い氷で覆われた「全球凍結」と呼ばれる氷河期があったことがわかっています。例えば、24 ～ 22 億年前にヒュロニアン氷河期と呼ばれている全球凍結が起こり、その直後に氷が溶けて大量の栄養分が海に流れ込み、光合成生物が大増殖して酸素が急増しました。この時期に、真核生物が誕生して酸素を利用することでエネルギー生成が増倍し活発な活動ができる生物に変化しました。

　7.3 ～ 7.0 億年前の全球凍結（スターチアン氷河期）や 6.7 ～ 6.4 億年前の全球凍結（マリノアン氷河期）が終了すると、酸素濃度は現在のレベルの近くまで上昇し、地球の成層圏にオゾン層ができました。オゾン層は生物にとって致命的な太陽の紫外線から身を守ってくれます。そのために、生物は多細胞生物に進化し、多機能化や多様化が起こりました。その中には海洋から陸上へ進出を始めるものもでてきました。無脊椎動物だけでなく脊椎動物も出現し、生物の進化は海と陸の両方で進むことになりました。

　顕生代（約 5 億年前から現在）には 5 回の生物絶滅の巨大イベントがありました。6550 万年前の白亜紀末期に起こった生物絶滅イベント（図 2.3）

は大変有名です。巨大隕石の衝突を契機として恐竜たちが絶滅したことで知られています。

　生物の進化については、次の質問と一緒に考えてみましょう。

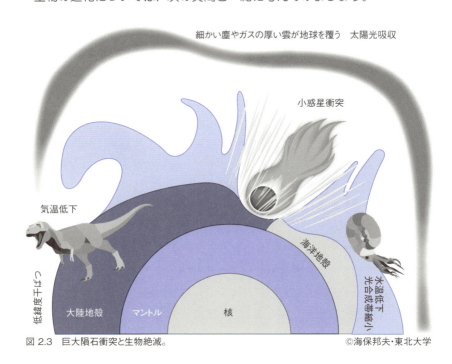

図 2.3　巨大隕石衝突と生物絶滅。　　　　　　　　　　　　　©海保邦夫・東北大学

Q 2-4　知的生命体の誕生まで約40億年もかかったのですか？

　6550万年前から私たちが今生きている現在に至る時代を新生代といいます。全ての動植物が進化してきましたが、全ての生命が同じように進化したわけではありません。中生代の終わり（白亜紀）に恐竜が絶滅した頃から、多くの無脊椎動物や一部の脊椎動物はその姿を変えていません。しかし新生

代には豊かな多様性が起こり、ほ乳類・被子植物が大躍進しました。その末期には知的生物である人類が誕生し進化してきました。

　このように生物の進化は、地球環境に激変がなかったならば、大きな進化は起こっていなかったといえます。むしろ、環境の劇的な変化とともに起こってきたといえます。しかしながら、微生物のような原始的生命体から知的生命体に進化するまでに約 40 億年もかかったことは事実であり、その間に幾度かの激変を経験してきました（図 2.4）。その激変の間の時期は、比較的穏やかで安定した環境が継続したといえます。

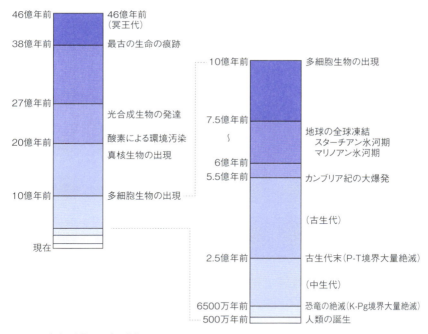

図 2.4　地球と生物の誕生と進化。

Q 2-5 生命が持続していく条件は何ですか?

　生命が存在するためには、「有機物、水、エネルギー」の三要素が存在していることが必要です。生物が生存していくには、液体の水に溶け込んだ有機物が膜に包まれ、外部から取り込んだ栄養素からエネルギーを生産することによって、その生命活動を維持しています。生物が生きていくためにはエネルギー生産が不可欠で、エネルギーを消費して細胞構造を維持しています。地表の生物は太陽の光を利用して生きています。もしも、太陽光が遮られてしまうと、地球上のほとんどの生物は生きていけません。

　地球外の生命体を探す指針としては、上述の「生命の三要素」を備えた天体が候補になるでしょう。そうした領域としては「ハビタブルゾーン（Habitable zone）」という位置関係がよい指標になるでしょう。

Q 2-6 ハビタブルゾーンとはどういう場所でしょうか?

　ハビタブルゾーンとは、生命が生存できる惑星系の領域を指します。生命居住可能領域ともいいます。主星（恒星）から適切な距離にあり、周回運動する惑星とその衛星を想定したとき、十分な大気があり、その表面には液体の水が存在できる大気圧、温度条件である惑星の軌道範囲を指します。すなわち、恒星を回っている天体が極端に熱くなく、また寒くない温度であって、その表面には液体の水が存在できるような適度な範囲にあることを指します（図 2.5）。

　一般に、恒星のハビタブルゾーンの範囲は、主星の質量と年令、惑星の質量、自転速度、自転軸の傾き、大気の量と組成など、に依存します。さらに、主星からの距離がハビタブルゾーンから外れていても大気の成分や濃度によって温室効果が働き惑星やその衛星などにおいて、地表などの気候が温暖にな

るので、そうしたことについても考慮しなければなりません。

私たちの太陽系において、ハビタブルゾーンの範囲は 0.97 〜 1.39 au 程度です。火星は 1.524 au ですから、ハビタブルゾーンの外側になり、現在の太陽系ハビタブルゾーンには地球以外の惑星はありません。

図 2.5　地球型惑星のハビタブルゾーン。

約 45.7 億年前に太陽系が誕生し、地球も同時期に誕生しました。主系列星となった太陽はその光度を徐々に増し続けて現在のような明るさになりました。約 40 億年前の太陽光度は、現在の約 70% といわれています。初期のその太陽光度では、現在の地球の温室効果ガスの温度を考慮すると、地球表面は全て凍りついていたと予想されますが、全球凍結のような氷河期を除くと、過去の地球は比較的穏やかな気候であったようです。

火星もこれまでの探査によって 35 億年前くらいまでは大量の水が存在していたといわれています。このことから、その当時の火星大気は地球よりもさらに強力な温室効果が効いて火星もハビタブルゾーンにあったと推察されます。しかし、地球と比べて重力の小さい火星は、早期に大気が逸散し希薄

になったために温室効果が効かなくなり、火星表面から液体の水は失われハビタブルゾーンではなくなってしまいました。現在の火星表面は宇宙線、太陽風や紫外線が直撃する過酷な環境になっています。

　地球の生命には液体の水が不可欠ですが、地球外の生命体を考えると、極限環境で生存する生命体の可能性をも取り扱う必要があるでしょう。例えば、木星の衛星エウロパやガニメデ、土星の衛星エンセラダスなど、氷の地殻の下には液体の内部海が存在すると考えられ、そこに生命の存在が期待されている天体があります。

2.3　生命の起源

Q 2-7　生命はどこで生まれたのでしょうか？

　「生命はどこで生まれたのか？」は、昔からの謎です。生命の起源については、以下に示す2つの考え方に大別できます。
　① **地球起源説**：地球の物質から長い年月の間に単純な物質から複雑な物質へと合成されて生命が誕生したという説。
　② **宇宙起源説**：生命の素材が、地球ではなく宇宙にある素材の一部が地球にやってきたという考え方。

　生物は水、有機物、無機物で構成されています。ヒトの体重の60％以上が水で占められ、血液の量は体重の約1/13（8％）です。有機物は炭素が共有結合したタンパク質、炭水化物、脂肪などの高分子から成ります。無機物はマグネシウム、カルシウム、カリウム、硫黄、リン、鉄などです。生物がつくり出す有機物は、特に炭素、酸素、水素、窒素を含む化合物から成り、価電子を共有して結びつく共有結合をしています。これらの元素は大気や海水中に含まれ、これらの物質が複雑な過程を経て生命が発生したと、考えられます。

2章　水は生命の源

　生命の起源をめぐる研究は、有機化学や分子生物学の分野だけでなく、地学・地質学や惑星地質学の研究室にも、深海に生命の痕跡を探る研究、隕石に有機物を探す研究などがあり、多くの分野で生命の起源に関する研究が進められています。

　隕石の研究から、炭素質隕石の中にアミノ酸などの有機化合物が検出され、生命の起源は隕石や宇宙塵など地球外から飛来してきたと考える研究者もいます。マーチソン隕石のような炭素質隕石は、太陽系の始原物質を含んでおり、何種類ものアミノ酸や糖が検出され、それらの物質は宇宙起源であることがわかりました。同様に、南極隕石のアミノ酸などの分析からも、有機物質の種類や存在量、また隕石有機物としての特徴も共通していることが明らかになりました。

　こうした状況から、生命の起源として地球起源説と宇宙起源説が挙げられますが、最近では地球の生命は地球で誕生したと、考えている方が多いようです。

Q 2-8　アミノ酸は生命の源なのですか?

　アミノ酸は、タンパク質の構成成分であり、DNA の材料でもあります。ヒトの体重の約 20% がタンパク質でできています。筋肉、内臓、ヘモグロビン、髪や皮膚のコラーゲンなど、体の重要な組織をつくっています。このタンパク質を構成している成分がアミノ酸です。したがって、体の約 20%はアミノ酸でできているといえます。自然界には約 500 種類ものアミノ酸が発見されていますが、ヒトの体のタンパク質を構成しているのはわずか20 種類 です。この 20 種類のアミノ酸から、遺伝子（DNA）に従って数百のアミノ酸が連結してタンパク質が合成されます。ヒトは 10 万種類のタンパク質で構成されているそうです。アミノ酸には光学異性体が存在し、左手型の L 型と右手型の D 型と呼ばれる 2 通りの立体構造が存在します。光学

異性体というのは、構成成分は全く同じで構造も変わらないのですが、立体的な配置が少し違う物質です。右手と左手のように鏡に映したような関係なっていて、全く重なり合わない構造になっています。自然界ではL型とD型のアミノ酸がほぼ同量でつくられています。しかし、地球の生物のアミノ酸はなぜかL型だけです。生命におけるアミノ酸の光学異性体の特異性は、生命の起源と関わりがあるのではないかという観点から注目されてきました。

　マーチソン隕石は、生体内で見つかる有機酸やタンパク質を構成するアミノ酸だけでなく、生体では見られないアミノ酸（非タンパク質アミノ酸）も含まれていることがわかりました。炭素質コンドライト隕石に含まれる有機物が全て生命に関連しているわけではありません。最近、炭素質コンドライトにタンパク質アミノ酸ではないアミノ酸が頻繁に見つかっています。探査機「はやぶさ2」が持ち帰った小惑星リュウグウの試料にも、非タンパク質アミノ酸が多いそうです。これらは、強い水質変成を経験したことで非タンパク質アミノ酸が多くなるようです。

Q 2-9　生命の起源物質は何ですか?

　生物は、炭水化物、タンパク質、脂肪などの有機物をつくり出す存在と考えられます。例えば、植物は太陽エネルギーを使って大気中の二酸化炭素を吸収し、そこから有機物をつくり出します。植食性動物は主に草などの植物を食べ、一方で、肉食性動物は植食性動物の肉などを摂ることで有機物を生成しています。これらの有機物は、もともとは大気中の二酸化炭素に由来する炭素を含んでいます。

　18世紀まで、有機物は特別な物質であり、生物にしかつくられないものと考えられていました。無機物と区別するために、生物と関わりのある物質を有機物と呼びました。しかし、現在では、有機物質は一酸化炭素、二酸化

2章　水は生命の源

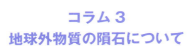

コラム 3
地球外物質の隕石について

　宇宙から地球に降り注ぐ物質（地球外物質）には宇宙塵や隕石があります。宇宙塵（多くは惑星間塵）の大部分は直径 100 μm 以下の微細な粒子で、小惑星同士の衝突、彗星からの放出、外縁天体同士または外縁天体と星間塵との衝突により供給されています。これらの宇宙塵の中には、少量でありますが恒星間空間で見られる星間物質も含まれています。星間塵の一部は地球の大気圏に突入して流星塵になります。宇宙塵の大部分は大気圏に突入する際に完全に溶けてしまいます。しかし、中には原型を留めているものがあり、それは大気突入前の惑星間塵の成分を求める重要な手掛かりとなります。宇宙から地表へ到達する宇宙塵は年間で合計約 5200 トンと推定されています。

　隕石は宇宙から地球の大気に衝突して高熱で気化せずに残って地表に落下したもので、年間の降下量は、10 トン未満であるといわれています。隕石の多くは小惑星のかけらですが、中には火星や月から来たものもあります。隕石は鉄とケイ酸塩鉱物の割合により、鉄隕石、石鉄隕石、石質隕石（コンドライトとエコンドライトの 2 種類）に大別されます。

　石質隕石の中のコンドライト隕石に含まれる直径 1 mm 弱の球粒（コンドリュール）は、初期の原始太陽系円盤の中で形成されたと考えられています。このコンドライト隕石（炭素質コンドライト）に分類される隕石としてマーチソン隕石（Q2-7）があります。この隕石中には生体内で見られるタンパク質を構成するアミノ酸が見つかっています。さらに、生体では見られないアミノ酸も発見され、地球外で生成され地球に輸送されたのではないか、と考えられています。さらに、マーチソン隕石中には、「プレソーラ粒子」（Q3-1 および Q3-2）が多数見つけられており、それを分析した結果、太陽が誕生し約 46 億年前よりも古く、最も古かった粒子は約 75 億年前に誕生したものだったそうです。

炭素、炭酸ナトリウムなどの単純な物質を除いて、炭素を含む化合物として定義されています。有機物を構成する主要な元素には、炭素以外にも水素、酸素、窒素などが含まれます。

Q 2-10 有機化合物であるアミノ酸はどのように合成されたのですか?

アメリカの化学者ハロルド・ユーリー（Harold Clayton Urey）は、原始地球の大気は水素、水、メタン、アンモニアで構成され、酸素がほとんどない還元的な環境だったと考えました。彼と大学生のスタンリー・ミラー（Stanley Lloyd Miller）は、この環境を再現するための実験を行いました。具体的には、メタン、アンモニア、水などを混合した気体を用いて火花放電の実験を行いました。その結果、彼らは人工的に数種類のアミノ酸を合成できることを確認しました。これらの結果から、化学進化は小さな分子から次第に大きな分子へと進行していくという考え方が広まっていきました。

しかし、その後、研究の進展に伴って新しい太陽系形成論により、原始太陽系の大気成分は還元的な環境ではなく、二酸化炭素や窒素酸化物などを多く含む酸化的なガス環境だと考えられるようになりました。酸化的な大気では、ほとんどアミノ酸が生成しないことがわかり、現在ではユーリー・ミラーの実験は過去のものであると考えているようです。

2.4　生命に満ち溢れた惑星・地球 ● ● ● ● ● ● ● ● ● ● ● ● ●

太陽系において地球以外の惑星は、大気や水がなく生物が生きる環境ではありません。それに対して地球には、広大な海、空気中には大量の酸素が蓄えられ、多種多様な生物が生きる豊かな環境です。地球は太陽系の中で唯一無二の多様性に満ち溢れた生命の惑星です。

2章 水は生命の源

Q 2-11 生命が誕生した頃の地球はどんな環境でしたか？

　約41～38億年前にかけて、地球型惑星は大量の隕石（小惑星）によるクレーターが形成されたとされる時期があります。これを「後期重爆撃期（Late Heavy Bombardment, LHB）」と呼びます。ここで「後期」という理由は、星間物質の集積により惑星系が誕生・成長する約46億年前の時期を前期とし、後期重爆撃期は惑星が形成したあとの衝突時期を指したものです。後期重爆撃期の主な証拠は、月の石の年代測定から得られたもので、天体衝突に由来する月面の溶融岩石の大部分がこの短い期間につくられたといわれています。しかし、この後期重爆撃期の時期に関しては、最近活発な議論が展開されています。

　従来の「後期重爆撃期」の時期により、もっと前の約44～41.5億年前にあったとする証拠も見つかりました。それは小惑星ベスタ由来の複数の隕石を分析した結果、約44～41.5億年前に大量の隕石爆撃があり、約39億年前には衝突の痕跡はない、というものです。

　約44～41.5億年前の期間の地球型惑星では、激しい天体衝突によって生命の発生には過酷な環境だったと考えられます。しかし、この2.5億年間は大量の小惑星や彗星、惑星間塵が地球大気に降り注ぎ、このときに水や有機物が地球に運ばれ、地球生命の誕生に大きく関与したとすると、生命はおおよそ40億年前に海で誕生したのではないか、と考えることができます。こうした小惑星ベスタの研究結果からも、地球最古の生命環境の理解が進展することが期待されます。

Q 2-12 生命誕生から光合成の開始までの生物進化のシナリオを教えてください。

　今から約40億年前、生物の構成材料となる有機物によって地球上に最初

の生物が発生しました。初期の生物は核をもたない単細胞の原核生物でした。原核生物は、細菌のような形態であると考えればいいでしょう。地表には太陽から強烈な紫外線が降り注いでいるので、この頃の生物は陸上で生きていくことができません。したがって、生物が生きられる場所は海の中で、生物は海の中の有機物を利用して生息していました。しかし、そうした状態から数億年の時を経て、35億年前くらいから、原始生物もついに光合成という"特殊な能力"を身に付けました。光合成を行うラン藻（シアノバクテリア）が海の中に誕生すると、地球上に初めて酸素が安定的に供給されるようになりました。その結果、大気中の酸素が次第に増加しはじめ、二酸化炭素は減少していきました。ラン藻による光合成は、現在へと繋がる生態系の基礎を築いたといえます。

Q 2-13　地球全球凍結の後に、光合成をする生物が出現したって本当ですか？

　原生代（約25〜5.4億年前）には、想像を絶する地球環境の激変がありました。それは地球の表面全域が凍結したというものです。この現象はスノーボールアース（全球凍結）イベントと呼ばれています。全球凍結といっても、海洋深層は凍結しません。これは、地球内部から海底を通じて熱の流入があるため、氷はある厚さ以上に凍ることができないためです。

　大気中の酸素濃度は、今から約24.5〜22億年前頃に急に上昇したことが知られています（大酸化イベント）。この時期には二酸化炭素から酸素をつくる生物が大量発生したことにより、大酸化イベントが起きたようです。

　地球が完全に凍結した後、大気中には大量の二酸化炭素がたまり、そのために世界中の平均気温が60℃以上に上昇したといわれています。その結果、陸地の表面は激しく風化・浸食され、生物に必要なリン（P）がたくさん海に供給されました。そして、海は異常に栄養分に富み、光合成をするシアノバクテリアなどの生物が急増したと考えられます。

2章　水は生命の源

 多細胞生物、陸上植物、
ほ乳類の出現はいつ頃ですか？

　原生代後期のスターチアン氷河時代（7.3〜7.0億年前）やマリノアン氷河期（6.65〜6.35億年前）が終わる約6億年前になると多細胞生物が出現しました。顕生代のカンブリアン紀（5.42〜4.83億年前）には、動物の種類や数が爆発的に増えました。そして約4億年前になると、最初の陸上植物が現れました。植物にとって陸の上は、海の中に比べて生育するのは厳しい環境です。水中では漂っていれば生きられますが、陸上では重力に耐えられ水分を運ぶ機能などが要求されます。陸上植物は、光合成に用いて水を摂取する根の様な器官と同時に、重力に耐える体の構造を適応させながら、海沿いや河川沿いの陸地に侵入していきました。

　当初は、苔のような陸上を這う形の植物が多数を占めましたが、デボン紀（4.16〜3.59億年前）頃から高い樹木が出現・発達し始めました。石炭紀（3.59〜2.99億年前）には、後に石炭を産するような非常に大きな森林がつくられ、成長していたと考えられます。はじめに植物が海から上陸し、続いて昆虫や両生類が陸に進出します。その後約2.2億年前になると、ほ乳類が現れました。

　600〜500万年前になると、人間に近い大きな脳をもち二足歩行のできる霊長類がアフリカに登場したと目されています。霊長類の出現は、40億年にわたる生命の進化の歴史の中ではごく最近の出来事です（図2.6）。

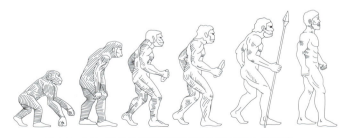

図 2.6　生物の進化例（500万年前の二足歩行の猿人の登場）。

Q 2-15 進化には長期間安定した環境が必要ですか?

　生物の進化は、新たな種の誕生の歴史であるとともに種の絶滅の歴史でもあります。地球史の中で、少なくとも5回の大規模な生物の大量絶滅イベントが起こったことがわかっています。この5回の大量絶滅は「ビッグファイブ」と呼ばれています。その原因については、巨大な火山爆発活動、巨大な隕石衝突、太陽系近傍の超新星爆発など、様々な議論がなされています。

　これらの絶滅イベントの中で比較的よく理解されているものは、6550万年前の5回目のもの（K-Pg境界大量絶滅）です。恐竜などの大型爬虫類やアンモナイトなどが絶滅したことで有名です。メキシコのユカタン半島近くに直径約10 kmの巨大隕石が落下し直径180 kmのチクシュルーブ・クレーターが形成されました。この巨大衝突により舞い上がった大量の土砂、塵、ガスが太陽の光を遮断し、陸上や海面の植物の光合成は停止し、全球的に地球環境は破壊され食物連鎖が完全にストップしたとされています。長期にわたる気候変動が、生物の大量絶滅を引き起こしたとされています。

　生物の進化は、緩やかな環境が長い間継続して、環境が少しずつ変化して、進化すると思われがちですが、地球規模の凍結、大規模な火山爆発や地殻変動、巨大隕石衝突などによって起こった環境の激変に同期して、生物は進化してきたといえます。不安定な環境により生物の進化が加速されたともいえます。

2章　水は生命の源

Q 2-16　なぜ太陽が生命活動の源になるのですか？

　地球の表面で起こっている自然現象、例えば気温の変化、気候や気象、大気の流れ、海流の動きなどの自然の営みは、太陽のエネルギーが源になっているといえます。植物は太陽光から得たエネルギーを利用して、二酸化炭素を吸い炭水化物を合成して酸素を放出しています。すなわち、太陽光エネルギーを利用して有機物（栄養となる食物的エネルギー）と酸素を生み出しています。

　太陽光は、植物の光合成を通じて地上のあらゆる生命に影響を及ぼしています。もしも、太陽の光がなくなれば、植物は枯れてしまい、草食動物や昆虫のエサがなくなり絶滅します。草食動物をエサとする肉食動物も同様に絶滅してしまい私たち人類も絶滅するしかありません。

　現在、エネルギー源として欠かすことできない石油、石炭、天然ガスは、昔、植物が太陽光エネルギーから化学エネルギーに変換して長い間、地中に溜め込んだエネルギーの「貯蓄」のようなものです。

Q 2-17　自然界の生物の食物連鎖と生物界のエネルギー循環との関係は何ですか？

　光合成を担う植物のおかげで動物が生きられるのですが、逆に動物がいるおかげで植物が豊かに育っているともいえます。ここで、生態系の食物連鎖について考えてみましょう。食物連鎖では、「食べられるもの」の方が「食べるもの」よりも数が多くなっています。一番多いのが植物で、生態系の頂点がヒトやライオンなどの肉食動物です。食物連鎖の例として、トラやライオンは他の動物に襲われませんが、彼らが死ぬと、ハゲタカなどがその死体を食べ、その後、バクテリアなどの微生物により死骸や排泄物が分解されて土に戻ります。そして、植物が栄養を得て成長し、光合成によって酸素を放

出します。

　食物連鎖とは自然界における「食べるもの」と「食べられるもの」という関係です。生態学の分野では、植物がつくった有機物がエネルギーを「生産」し、動物はそれを食べて「消費」し、そして微生物は動物の出す糞や死骸を食べて「分解」する。このように自然界は生産・消費・分解により構成され、お互いに共存しながら自然の中を循環しています。

Q 2-18　太陽光に依存しない生態系がありますか？

　約50年前まで生命は完璧に太陽エネルギーに依存している、と考えられていました。しかし、1977年、深海潜水艇「アルビン」はガラパゴス諸島周辺の海底を調査した際、2000 m以上の深海に位置する熱水噴出孔ブラックスモーカーと呼ばれる、温度が400℃以上の熱い水が噴出している場所を見つけました。この地域の水は強酸性で、pH2.8です。こうした深海底噴出孔付近には、未知の生物チューブワームも発見されました（図2.7A、図2.7B）。

図 2.7A　カリブ海の深海底にある熱水噴出孔。熱水噴出孔は、海水が海底火山の熱で温められ海底の裂け目から噴出する場所。
©JAMSTEC

図 2.7B　深海の熱水噴出孔の付近に生息する「チューブワーム」
©2005 Antje Boetius

2章　水は生命の源

　この生態系でのエネルギー源は太陽エネルギーではなく、熱水噴出孔（つまり、熱水）からのエネルギーに頼っています。熱水噴出孔から出る水は豊富なミネラルが含まれており、その付近にはバクテリアやアーキアなどの原核生物が増殖しています。こうした環境では、光合成に頼らずに生きる生物が存在し、巨大なチューブワーム、甲殻類、二枚貝シンカイヒバリガイ類などが密集して生息していることが確認されています。

　深海熱水噴出孔域には多種多様な生物が生息し、まるで砂漠のオアシスです。生命が太陽エネルギーに依存することなく、水と熱エネルギーさえあれば存在できることが明らかになり、生物学と宇宙生物学（Q2-26）の研究に革命を起こしたといえます。

Q 2-19　生命は熱水から生まれたのでしょうか？

　地球初期には、生物は酸素がなくても生きていけるものでなければなりません。地球において生命が最初に生まれた場所として、有力な説は前述（Q2-18）の深海底の熱水説です。約 40 億年前の地球内部は、今よりも熱いマントルと激しいマントル対流が起こっていて、現在よりも高い海水温度であったといえます。

　最近、深海底熱水噴出孔がいろいろなところで見つかっています。そうした場所が生命の発祥地なのかもしれません。このように、地球最古の生物として、深海底の熱水活動域に生育する好熱性微生物が示唆されています。

Q 2-20　極限環境で生きている生物はどんなものですか？

　Q2-18 で述べた深海熱水噴出孔近くで繁栄する生物のように、私たちが生活している地表とは異なる環境で生きている生物がいます。また、一般の

動植物、微生物が生存している環境とは全く違う極限的な環境で生きている生物もいます。例えば、高温、高圧、強酸、強アルカリ、原子炉の炉心水、塩の結晶、有毒廃棄物など極限環境の条件でも増殖できる微生物が存在しています。それが極限環境微生物です。こうした極限環境で生存する生物が見出されたことから、昔に比べて生物が生息できる環境が大幅に拡大してきました。そのために、地球外生命体の生息可能な場所も拡大すると考えられ、宇宙生物学（Q2-26）に新たな道を開いています。これらの生物の多様性、極限環境、進化の道筋を明らかにすることは、地球外の生命がどのように進化していくかを理解するうえで極めて重要な要素になりました。

　極限環境微生物は、宇宙生物学者にとって重要な研究対象になっています（図2.8）。生命とは何かを考え直すうえで大変重要であると考えられています。

図2.8　エチオピア・ダナキル砂漠にあるダロル火山の火口付近にみられる塩と硫黄の地層。ダナキル砂漠は、地球上で一番生命の少ない場所で生物が住める限界の場所。ダロル火山の噴火口が地球で最も高度の低い地域。「人類が住める最も暑い場所」といわれている。岩塩の平原が広がる岩塩の採掘場。
©Rolf Cosar

Q 2-21 微生物はどんな生き物ですか?

　それは、単細胞または比較的複雑な多細胞からなる小さな生物です。現在の地球上に存在する生物は3つのドメインに分けることができます。細菌（真正細菌）、古細菌（アーキア）、真核生物です（図2.9）。細菌と古細菌は原核生物と呼ばれ、その細胞には核をという器官を明確に区切る核膜がありません。一方、細胞の中に核と呼ばれる小器官をもつ生物が真核生物です。細菌と古細菌は微生物しか含まれていません。真核生物は原生生物、菌類、動物、植物などがあります。微生物は原核生物や一部の真核生物からなります。そして、多くの単細胞生物や比較的複雑な多細胞生物も含まれています。

　微生物には、食品の保存や発酵に使用され重要な役割を果たすものや、感染症を引き起こすものもあります。微生物が生息する環境は多様で、地球のほとんどの生物が生息する穏やかな環境から、過酷な極限環境で生存する微生物まで、あらゆる場所に生息しています。

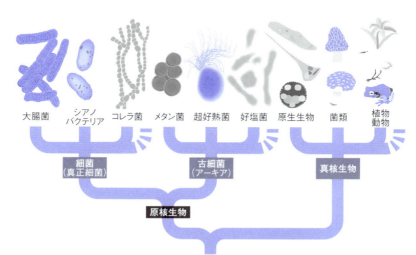

図2.9　微生物の分類：肉眼では見えない微小な生き物の総称。

ウイルスは微生物の細菌と同様に感染性をもち微生物のようなものです。ウイルスは自己複製を行いますが、代謝は行いません。したがって、前に述べた生命の定義（Q2-1）によれば、生物ではないことになります。ここでは、微生物として取り扱ないことにします。

Q 2-22 生態系における微生物の役割は何ですか？

微生物の役割の中で、有効な側面について説明します。微生物は私たちにとって欠かせない存在で、私たちの生活と地球の生態系に大きく貢献しています。例えば、海洋の微生物は、二酸化炭素を吸収し酸素を生成する役割を担っています。これにより、地球上の生態系がバランスを保ち生命が維持されています。また、土壌中の微生物は有機物を分解し、栄養循環を促進します。

一例として、濁った水をきれいにする方法について考えてみましょう。濁った水に微生物を加えると微生物は酸素を吸って活発になります。これらの微生物は汚れを食べて、水をきれいにします。汚れを食べて増えた細菌や、それを食べる原生動物などが水にくっつき、少し重くなり下の方に沈んでいきます。このプロセスによって、上の方の水は澄んでいくのです。

Q 2-23 生物の進化に微生物はどのように関係しているのですか？

Q2-21 で述べた原核生物も真核生物も、元をたどれば共通の祖先から分離したと考えられています。約 40 億年前に地球上に出現した生物は、原核生物から成る微生物です。そして約 20 億年経って真核生物が出現したと考えられています。

共通祖先から真正細菌と古細菌のグループに分化し、そして古細菌の中から核をもつものが現れ、古細菌と真核生物のグループへと、それぞれが違う

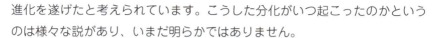

進化を遂げたと考えられています。こうした分化がいつ起こったのかというのは様々な説があり、いまだ明らかではありません。

微生物は進化の過程で様々な形や機能を獲得し、他の多くの生物と密接に関わり、共生や相互作用を通じて進化に寄与し、重要な役割を果たしています。私たちの腸内に存在する微生物は、ヒトの体内で栄養を分解し吸収したり、免疫系の調節を助けたりして、健康に重要な役割を果たしています。このような共生関係は、長い時間をかけて進化してきた結果といえます。

微生物は大変小さな生き物ですが、短期間で多くの子孫を生み出すことができるため、環境変化に対して迅速に適応することができます。微生物は遺伝子の変異を起こし多様性を生み出します。

Q 2-24 宇宙の生命体についての微生物の役割を教えてください。

宇宙の生命体については、現在では具体的な情報は限られています。しかし、地球上の生命体（生物）に関する研究から得られた知見に基づき、宇宙の微生物が果たす可能性のある役割について考えることはできます。地球上で最初に出現した生命形態は微生物で、生命の起源や進化の研究において重要な役割を果たしています。今後、宇宙に微生物が存在することがわかれば、生命の起源や進化に関する研究において、重要な情報をもたらす可能性があります。

Q 2-25 将来の火星居住域で育てる動植物で微生物の役割は何でしょうか？

将来、人類が火星に長期間居住するには、火星で動植物を生育していかねばなりません（図 2.10）。火星で動植物を育てる場合に微生物が植物生育において果たす役割は多大であると思われます。

図 2.10　火星を地球のような環境にするテラフォーミング。

　火星の表面は極めて不毛な地面であることから、植物の成長には適さないとされています。しかし、微生物には地球上で極端な環境でも生育できる生物が存在しています。火星の土壌に微生物を導入することで、土壌の形成や栄養循環を促進することができ、土壌の肥沃化に寄与すると考えられます。

　微生物は、植物の根の周りの土壌で植物と一緒に暮らしているようです。植物にとって有益な微生物が増えるように調整するだけでなく、植物の病気を予防する役割を果たします。

　しかしながら、火星の環境は地球とは大きく異なるため、微生物の適応や火星環境への影響を詳細に研究する必要があります。

Q 2-26　宇宙生物学とはどのような学問ですか？

　宇宙生物学（Astrobiology，Cosmobiology，あるいは Exobiology）は、地球だけでなく地球外の生命体の起源、進化、分布などを研究する学問です。この学問分野には、天文学、宇宙物理学、生物学、地質学、物理学、生化学

2章　水は生命の源

図 2.11　地球外生命体は存在するのか？

など様々な分野の研究者が集まって、宇宙と生命の問題に取り組んでいます。

この研究では、太陽系内の生命探査、太陽系外での生命探査、宇宙での有機物、生命の起源と進化、生命の他の惑星への移動、そして生命の未来に焦点を当てています。特に、多くの研究者が抱える主な疑問は、地球以外に生命体が存在するかどうか、そして知的な生命体が地球外に存在するかどうかでしょう（図 2.11）。

宇宙生物学の研究は、最近急速に発展し、多くの研究者が集まっている活発な分野といえます。

Q 2-27　地球外生命は存在するのでしょうか？

地球外生命は存在するのでしょうか？　また、存在するとしたらどのように見つけられるのでしょうか？

地球外生命体の存在に関する期待や推測は絶えませんが、その証拠はまだ見つけられていません。近年、高性能な宇宙望遠鏡により系外惑星の発見が

飛躍的に増えています。既に地球に似た環境をもつ惑星がいくつか発見されています。それらの惑星に生命の姿はまだ確認されてはいませんが、宇宙のどこかに生命体が存在する可能性は非常に高いといえます。

　一方、太陽系内での生命の探査において、これまで数多くの探査機が火星やそれより遠くの天体に送られ、生命の存在やその痕跡を確認しようと試みられてきました。しかし、残念ながらまだその発見には至っていません。

　太陽系内と太陽系外の生命探索は、ほぼ同じような段階にあるといえます。今後どちらが早く地球外生命体の確認にたどり着けるのか、宇宙生物学の共通の関心事であることは明らかです。

　地球誕生初期の数億年間は、激しい隕石・彗星・惑星間塵の衝突があった時期で、有機物を含んだ大量の物質が地球大気に降り注いでいたと考えられています。そのとき、地球に運ばれてきた有機物により地球生命が誕生したのかもしれません。地球以外の天体にはそうした生命になりかけの形跡が残っているかもしれません。可能性のある天体としては、火星、木星や土星の衛星、小惑星や彗星、そして太陽系外縁の天体などが考えられます（図2.12）。

　太陽系内の地球外生命体が先に見つけられるとしたら、それは継続的に探

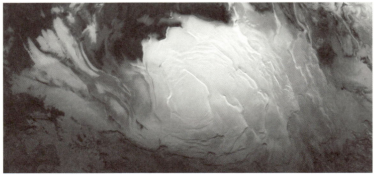

図2.12　氷に覆われている、火星の南極。　　©ESA/DLR/FU Berlin/Bill Dunford

査機が送り込まれている火星か、あるいは地下の内部にある海から有機物を含む水蒸気プリュームを放出している木星や土星の衛星などかもしれません。木星の衛星エウロパや土星の衛星エンセラダスの地下海に水が存在する可能性が高まっているため、多くの研究者が地球外の生命体の存在に自信を抱いています（図2.13）。ただし、生命といっても、地球のような多様な生命ではなく、むしろ微生物のような原始的な生物である可能性が推測されています。

　従来の宇宙観測方法は、全天をくまなく観測すると同時に、些細なものも捉えようとしてきました。しかし、最近では天空の同じ場所にある同じ天体を、何度も観測することで時間の経過に応じた変化を観測し、天体が動的に変化する様子を見ようとしています。いわゆる「時間領域（タイムドメイン）観測」と呼ばれるものへの移行も進んでいます。

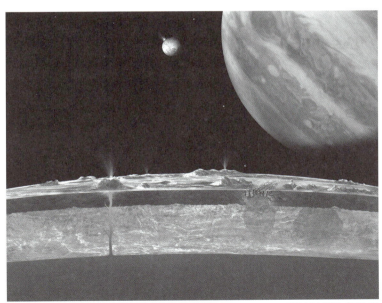

図2.13　木星の衛星エウロパにある地下海の想像図。　　©NASA/JPL-Caltech

系外惑星の観測方法については、微かな反射光、特定の物質の信号、熱放射が生命の存在を探るための手が必要となります。そして高感度でしかも高分解能を有する望遠鏡による観測が頼りです。しかしながら、系外惑星の天体は地球からはるか遠くにあるので、生命生存の証拠を得るには高性能な宇宙望遠鏡でさえも極めて困難といえます。そのため、特定の天体を長時間かけて詳しく観測する必要があります。

　太陽系内の天体については生命に関する直接探査が可能です。しかしながら、太陽系外の直接探査は無理です。地上や宇宙機に搭載した大型高性能の宇宙望遠鏡での観測、あるいは宇宙の生命体から送られてきた微弱な信号を捕らえる以外はありません。こうした地球外生命体の探査については6章でお話しします。

3章
地球や月の起源

3.1　はじめに ●

　月は地球から最も近い天体で地球からもよく見えるため、皆さんにとっても親しみのある天体だと思います。世界各国の月探査に関するニュースは年に何度も取り上げられています。探査以外でも日食や月食も話題として挙がり、他の天体と比較して身近な分興味の対象として取り上げられることが多いのではないでしょうか。歴史的にも月に関する昔話や逸話が世界各国に残っています。日本では、竹から生まれたお姫様が月に帰っていく『竹取物語』が有名です。星や宇宙に関する研究も月を足掛かりとしているものが多いです。木星の衛星を発見したガリレオ・ガリレイも 1600 年代に望遠鏡を使って月の凹凸を観察したという記録が残っています。

　古くから人々の興味の対象となっている月ですが、現代になってもいまだ魅力的な研究対象であることは変わっていません。月に関する様々な疑問を解き明かすため、世界各国の宇宙研究開発機関によって探査衛星が打ち上げられています。日本でも 2007 年に「かぐや（SELENE）」と名付けられた月周回衛星が打ち上げられました。2023 年 9 月には小型月着陸実証機「SLIM」が打ち上げられ、2024 年 1 月に、史上初となる月面ピンポイント

着陸に成功しました。最近では月探査・月開発に興味を示す民間企業も増えてきており、今後も私たちを魅了する天体であることは間違いありません。本章では、地球や月といった地球型惑星がどのようなプロセスを経て形成されてきたのか、から始まり、現在の月がどのような天体なのかについて考えてみたいと思います。

3.2　微惑星と地球型惑星の形成

Q 3-1　太陽系の天体はどのようにして生まれたのですか？

　太陽系における物質進化は、今から約 46 億年前に太陽がつくられて以降、段階的なプロセスを経て、惑星の元となる微惑星をつくりだしました。微惑星が集積して大きな星になったものが、現在の太陽系惑星にあたります。その形成プロセスは、以下のようなものだと考えられています。

①超新星爆発の後、星間ガスやチリが集まり、互いの重力により収縮しながら回転を始め、その中心に恒星である太陽が生まれる。

図 3.1　原始太陽系のイメージ、中心の明るい天体が太陽。
ⒸNASA/SSERVI

3章　地球や月の起源

②太陽の周りに高温状態のガス成分や塵成分からなる原始太陽系円盤が形成される。

③原始太陽系円盤の物質と太陽系の形成以前から存在する前駆物質（プレソーラ粒子）と、太陽系初期の高温ガス成分から凝縮した塵のような鉱物が、円盤内で衝突と合体を繰り返しながら集積する。

④集積を繰り返して大きくなり、岩石主体の微惑星に成長する（図 3.1）。

Q 3-2　各プロセスで形成した物質はどういうものですか?

プロセス②でつくられた太陽系円盤は、現在の太陽系をつくるもとになった物質と考えられています。一方で、太陽系がつくられ始める以前から、超新星爆発の残骸に関連したプレソーラ粒子も残存していました。プレソーラ粒子は太陽系以外の構成に由来する物質を含んでいます。これらは太陽系内ではほとんど生成されない同位体組成をもっています。太陽系物質と比較して特徴的な同位体組成を示すため、隕石の中から発見されます。

最終的に出来上がった微惑星の中には現在までその姿をとどめているものもあります。小惑星探査機「はやぶさ 1」「はやぶさ 2」が到達したイトカワやリュウグウなどがその一例となる小天体です。

Q 3-3　太陽系内の惑星の特徴を教えてください。

太陽系の惑星は太陽に近い順に、水星、金星、地球、火星、木星、土星、天王星、海王星の 8 つの惑星があります（図 3.2）。火星と木星軌道の間には、夥しい数の小惑星が存在しています。また海王星の外側の軌道には、太陽系の形成の残りものである太陽系外縁天体群エッジワース・カイパーベルトがあります。太陽系の天体の中で、太陽に近い水星、金星、火星は地球と同じ

ように天体のその大部分が岩石（石）によって構成された岩石惑星です。これらの天体はその特徴が地球によく似ていることから、地球型惑星と呼ばれます。これに対して、火星よりも外側の土星と木星は木星型惑星と呼ばれ、そのほとんどがガスによって構成されています。さらに太陽から遠い天王星と海王星は氷によって構成された天体に分類され、天王星型惑星と呼ばれています。地球型惑星とそれ以外を分けるカギとなるのは、スノーラインと呼ばれる水の状態が気体か固体を分ける境界領域です（図3.3）。太陽系形成の初期にできた微惑星のうち、太陽に近いスノーラインの内側では密度の大きい岩石質の微惑星による集積から地球型惑星が、スノーラインの外側では密度の小さい氷やガスを主体とする惑星が形成されました。このように初期物質の違いが現在の太陽系惑星の特徴の違いとして現れていると考えられています。

図 3.2 太陽系内の惑星。左から太陽、地球型惑星（水星、金星、地球、火星）、小惑星帯、木星型惑星（木星、土星）、天王星型惑星（天王星、海王星）、エッジワース・カイパーベルト。

3章 地球や月の起源

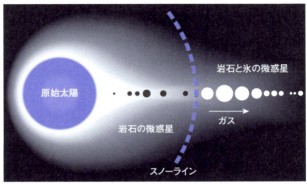

図 3.3　スノーラインのイメージ図。

Q 3-4　地球型惑星はどうやってできたのですか?

　地球型惑星は次のようなプロセスを経て現在の姿になったと考えられています。
　①岩石質の微惑星が衝突と合体を繰り返し、さらに大きく成長する。
　②ある段階まで成長すると、微惑星集積に伴う衝突熱や集積熱によって天体内部全体が溶け始める（マグマオーシャン）。
　③溶融した天体内部で岩石成分と金属成分に分離する。
　④マグマに対して比重が大きい金属は天体中心に沈み込み、金属の中心核を形成する。
　⑤重い金属核が形成されたことで天体中心に向かって重力が生じ、マグマ内での分化作用が促進される。
　⑥地球型惑星のような大きな天体では、金属核と岩石相に分離した後も高温による溶融状態が継続し、岩石相はさらに分化が進むことでマントルと地殻に分かれ現在の姿になる。

Q 3-5 地殻やマントルを構成する物質はどういうものですか？

Q3-4 の地球型惑星の形成過程からもわかる通り、マントルはマグマより重い物質で、地殻は軽い物質で構成されています。したがって、地球を構成する物質の中で比較的密度の大きな鉄（Fe）に富むような鉱物（カンラン石）は下層に沈積し、密度の小さいカルシウム（Ca）、アルミニウム（Al）を含む軽い鉱物（長石）はマグマ中で浮上します。このときにマグマの底でつくられるのがマントルで、表面には地殻が形成されます。これらの形成過程は地球に限ったものではなく、同じく地球型惑星である水星、金星、火星や地球の衛星である月もこのような地殻とマントルの分離を経験したと考えられています（図 3.4）。

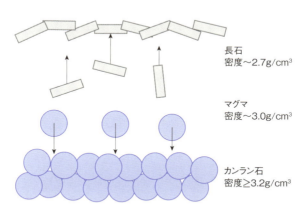

図 3.4 マグマ中での鉱物分離を模式的に表した図。長石はAlやCaといった元素を多く含み、マグマに対して密度が小さいため浮上、一方マントルの主要鉱物であるカンラン石はマグマに対して、密度が大きいため沈積する。

3.3 月の起源

　月はほぼ地球と同時期にできたと考えられています。アポロ計画で月から回収された石の中には、およそ 45 億年前に固まったとされる岩石も存在しており、地球と月がほぼ同時期にできたことを物語っています。地球と月は同じ岩石天体であり、非常に似た原材料をもとに形成されたと考えられていますが、元素組成的な制約や地球と月の力学的な制約から、地球と月がどのようにしてできたか、その形成モデルについてはこれまでに多くの研究者により議論が活発に行われてきました。ここでは、そんな月の形成モデルについて触れます。

Q 3-6　月の形成モデルにはどのようなものがありますか？

　月の形成モデルは月のその後の進化をも決定づける非常に重要な基本情報であり、大きく分けて以下に示す 4 つの形成モデルがこれまで永らく議論されてきました（図 3.5）。

①**兄弟説**
　このモデルでは太陽系円盤内にて地球が形成した後、そのごく近傍に残っていた物質（地球をつくったものとほぼ同じもの）が凝縮し、地球とほぼ同じタイミングで月が形成したとする説。

②**分裂説（親子説）**
　集積直後の原始地球は現在よりも非常に速い自転速度をもっており、地球の外側の一部が強い遠心力により剥ぎ取られ、それらが地球近傍で集積し月となったとする説。地球（親）から月（子）ができたとするモデルであり親子説とも呼ばれています。

③**捕獲説**
　地球とは全く異なる場所で形成された天体が宇宙空間を移動し地球近傍を

通過しているときに地球の重力により地球周回軌道に捕獲されたとする説。

④**巨大衝突説**

原始地球の集積の最終段階の時期に、火星ほどの大きさの天体が地球に衝突した結果、地球の地殻が蒸発、巻き上げられ、それが月の材料物質となり現在の月にできたとする説。ジャイアントインパクト説とも呼ばれています。

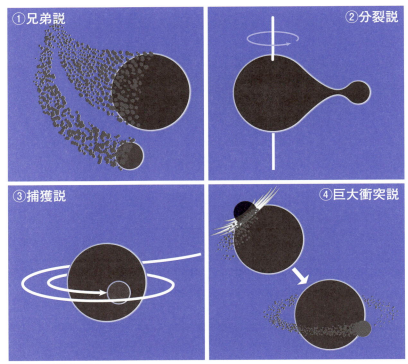

図 3.5　月の形成モデル。

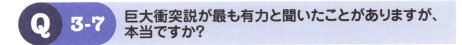

Q 3-7　巨大衝突説が最も有力と聞いたことがありますが、本当ですか?

月の形成モデルをどれか1つに決めるには、いくつかの制約を矛盾なく説

明できる必要があります。例えば、アポロ計画で回収した月の石の分析から、酸素の同位体（^{16}O, ^{17}O, ^{18}O）は地球と月でほとんど同じ比率を示すことがわかっています。この分析結果は地球と月が原始太陽系星雲の中で、ほぼ同じような場所でつくられたことを意味しています（化学的性質）。力学的制約としては、地球－月系の軌道や密度、大きさなどに関する制約などが挙げられます。

　先に挙げた4つのモデルの中に、全ての観測的事実を矛盾なく説明できるものはまだ存在しません。しかし、その中でも Hartmann, W.K. らによって提唱された巨大衝突説は月の主要元素組成といった化学的特徴のみならず、母惑星に対する大きさ、密度、角運動量といった力学的性質も説明可能なため、現在最も有力視されています。

Q 3-8 巨大衝突説にもまだ問題点があるのですか？

　例えば、巨大衝突により地球周辺に撒きちらした月の始原物質として、衝突した天体との構成物質と地球のマントル由来の物質がどの程度の割合であったのかについては現在も議論が続いています。巨大衝突説の検証については、先に挙げた元素の同位体に着目した化学分析に加え、コンピューターを用いた力学的シミュレーションによる研究が併せて盛んに行われているホットな話題です。近年の研究成果では、月を一度の巨大衝突でつくるのではなく、原始地球に複数の小さな天体（微惑星）の衝突によって、月が形成したという説も新たに提唱されました。月は私たちにとって最も身近な天体ではありますが、未解決の謎が残されています。その解明には今後の研究に期待しましょう。

Q 3-9 地球と月の原材料はどこからやってきたのですか？

　この質問には水の存在とその存在形態がカギとなってきます。太陽系のスノーラインは太陽から約 2.7 au 離れた火星と木星軌道の間に位置する距離にあり、これはちょうどメインベルトと呼ばれる多数の小惑星が集まっている領域に該当します（図 3.3）。

　地球や月の原材料となった岩石質な微惑星はこのスノーラインの内側に存在したはずで、もともとは始原的な物質であったと考えられています。地球や月の元となった原材料物質そのものは星が形成する仮定で分化してしまったため、私たちは手にすることはできません。しかし、それと近い種類と推測される隕石試料がこれまでに見つかっています。太陽系には大小様々な天体が存在しています。それらの天体が衝突を起こすと、構成している成分の一部が壊されて宇宙空間に放り出されます。放出された天体の一部が宇宙空間を漂流し、地球の引力に引かれ地上に落下してきたものが隕石です。地球にやってくる隕石の中には、コンドライト隕石と呼ばれる天体の分化を経験していないものもあります。この隕石は始原的な母天体からやってきたと考えられており、地球や月の原材料となった物質もこれらの仲間であったと推測されています。このような始原的隕石の母天体の多くはメインベルトに分布していることが地上からの可視光・近赤外線観測からわかっています。それらの母天体は水や有機物といった揮発性成分に富んでおり、何かのきっかけでメインベルトから抜け出したことで過去の地球への水や有機物の供給源となっていたのかもしれません。

3.4　太陽系天体としての月

　月は地球の衛星ですが、地球以外の太陽系惑星もそれぞれ衛星をもつもの

があります。ここではそれらの衛星や地球と比較して、月がどのような天体かを取り上げます。

Q 3-10 月の特徴はどのようなものですか？

① 月の大きさについて

　地球と月を比較すると、地球半径は月の約 3.7 倍で、質量は 81.3 倍です。地球との比較で考えると、月はすごく小さな天体のように思えます。それでは、太陽系の他の惑星と衛星の関係と比べるとどうでしょうか。表 3.1 にいくつかの主要な衛星について、母惑星との関係をまとめてみました。水星と金星には衛星はありません。木星、土星、天王星、海王星それぞれの最大衛星であっても、半径がそれぞれの母惑星の数 % しかなく、火星の場合は 0.4 % 程度です。こうしてみると月は母惑星である地球と比較して非常に大きいことがわかると思います。

表 3.1　衛星と惑星の半径比較

衛星	惑星	半径比
月	地球	1/3.7
フォボス	火星	1/303
ガニメデ	木星	1/27
タイタン	土星	1/23
ティタニア	天王星	1/32
トリトン	海王星	1/18

② 月の重力について

　月は衛星としては非常に大きな天体なので、月の重力は地球にも大きな影響を与えています。例えば、潮の満ち引きは月の重力が引き起こす現象の一つです。先ほどの地球と月の半径と質量の関係を、高校物理で習う万有引力の法則 GM/r^2 に当てはめると、月の重力を求めることができます。G は万

有引力定数、M は天体の質量、r は半径を表します。実際に計算をしてみると、月の引力は地球のだいたい 1/6 くらいになります。これは、例えば月面で体重計に乗ると体重が約 1/6 になります。物体を真上に投げ上げたときに到達する高度 h は、力学的エネルギーの保存則から計算が可能で、物質の初速 v_0 と重力加速度 g を用いて $h = v_0^2 / 2g$ と表されます。ここで、月の重力は地球の 1/6 程度なので、物質の届く距離は 6 倍程度になることがわかります。地球上では大気の空気抵抗があるのに対して月面はほぼ真空のため、実際には地球の場合よりも、もう少し高くまで飛ぶかもしれません。この特徴は将来深宇宙の探査基地としての月の有用性の一つでもあります。仮に月から人工衛星を打ち上げることを考えた場合、打ち上げにかかるエネルギーも重力が小さい分だけ少なく済みます。

③ 地球と月の距離について

月は地球から約 38 万 km の距離を同じ面を向けた状態で、楕円軌道で周回しています。この月の軌道情報は、月の形成を制約する力学的条件の一つです。

3.5　月面の有人活動

Q 3-11　将来的に人が月で活動する時代がやってくるでしょうか？

この話題は、月や宇宙に関係する仕事をしていると非常に多くの人に尋ねられる質問です。映画や小説でも月での人々の生活を思い描いたものは数多くあり、多くの皆さんが将来の人類の宇宙進出や宇宙旅行に興味をもたれている、ということだと思います。また、その際に月を引き合いに出すことの多さからも、月をその第一歩として考える方が多いように思います。

現在、NASA や他の宇宙機関、民間企業などが月面での有人活動を目指した計画を始動しています。しかしながら、月面での有人活動には、生命維持

システム、放射線防護、月面の環境に対する対策など、多くの課題を解決する必要があります。将来の月面有人活動の実現については、技術の進歩や政治的・財政的な状況によって影響を受けるでしょうが、多くの宇宙機関や企業がその実現に向けて取り組んでおり、近いうちに月面の有人活動が展開されていくでしょう。

NASA を中心とした国際的な計画「アルテミス計画」では 2025 年以降に人を月に送り、月への物資輸送や拠点建設を経て、月での人類の継続的活動を目指しています。一般の人が月まで行けるようになるのは、さらにあと 10 ～ 20 年かかるかもしれませんが、人が月で活動するようになるのはもう遠い未来の話ではないかもしれません。アルテミス計画をはじめ今後の月探査計画については 5 章で詳しく述べます。

Q 3-12 月で人が滞在するときに問題になることは何ですか?

いろいろな問題が考えられますが、最初に挙がるのは水と大気がない点とエネルギー問題だと思います。水は月面の有人活動には不可欠ですが、地球表面のように月面には水はありません。しかし、月の極域のクレーター内やその周辺に水があることが明らかになっています。大気はヒトが呼吸をするためには不可欠であり、大気のない月面でどのようにして酸素を確保するかは重要な課題です。また月面での有人活動には、エネルギーを安定供給する必要があります。そのために太陽エネルギーを利用した太陽光発電が期待されていますが、安定して太陽エネルギーを確保するためには、月面での日照率・日照時間、それに伴う環境温度の上昇・低下の問題が考えられます。

Q 3-13 月の日照時間について教えてください。

地球から月を見たときに、満月から次の満月までは、大体どのくらいの日数でしょうか。大雑把に大体1カ月くらいです。もう少し細かくいうと29.5日とされています。これはつまり、月では昼と夜それぞれが約15日間続くということになります。これが「月の1日」ということです。

Q 3-14 15日間の昼夜で月はどのくらいの温度になりますか？

月には大気がないため、昼は太陽によって直接熱せられ、夜は宇宙空間に向かって直接熱を放出しています。15日間の昼で熱された月面の温度は100℃を超え、逆に15日間冷え続ける夜には-150℃を下回ります（図3.6）。

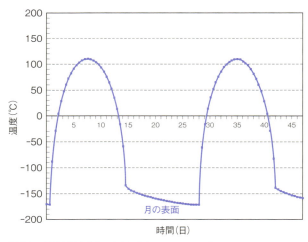

図3.6 月面の温度変化。©2012 Springer-Verlag GmbH Berlin Heidelberg

3章　地球や月の起源

Q 3-15　大きな温度差によってどのような問題が起こりますか？

　ヒトの安全に影響があることはもちろんですが、電気製品の故障の原因になることが考えられます。電気・電子機器が、不具合を発生せずに連続で使用できる周囲の温度の範囲を使用（または機能）温度範囲といいます。この範囲を超えると機器の寿命が短くなったり、故障が起こったりします。
　例えば、皆さんが地上で使用している電気製品については、メーカーが製作するときに恒温槽や恒温室と呼ばれる− 40℃〜＋ 60℃くらいまで温度を変えられる設備で動作試験を行います。家電製品などは余裕をもって、0 〜 35℃くらいを使用温度範囲としていることが多いです。保存時では− 40 〜 70℃程度で耐えるようにできています。電子機器の温度範囲は、民生用、産業用、軍事用で異なります。機器が故障せずに、正常に動作できる範囲は機器によって違います。したがって、電子部品の使用においては、周辺の温度環境に注意する必要があるため、宇宙探査で用いられる電子機器は内部の部品に大きな温度変化が加わらないように設計と工夫がされています。月面の有人滞在を考えた際には、滞在する居住地はもちろんですが、こうした電子機器を安定的に動作させるためにも温度をできるだけ一定に保つような工夫が必要になるでしょう。

Q 3-16　地球では白夜のような現象がありますが、月でも同じ現象は起きますか？

　白夜は地球の極域周辺で起こる、夏場に1日中日の沈まない現象のことです。逆に、冬場には太陽の昇らない現象のことを極夜といいます。1日中日が昇り続ける場所であれば、温度変化も小さく、太陽光発電を行うにも効率がよさそうです。結論からいえば、月には、場所により長い白夜も極夜もあります。月面の1年間の最大日照率は北極域で89%、南極域で86% という

ことがわかっています。地球の白夜が大体 30 日程度しか続かないことを考えると、1 年の 90％近く日が昇り続けるというのは、かなり高い割合であることがわかります。地球と月でこのような違いがあるのは地球の自転軸は公転面に対して 23.4°傾いているのに対して月の自転軸は傾きが 1.5°程度と小さいためです。

Q 3-17　逆の極夜についてはどうですか？

　極域周辺の深いクレーターの底などには、年間を通して日が全く当たらない永久影領域が存在します。こちらはこれまでの観測ですでに複数個所見つかっていて、図 3.7 のグレーで塗られた領域がこれに該当します。永久影領域は日照領域とは逆で太陽によって熱せられることがないため、1 年を通して低温状態が保持されます。そのため、水が凍結した状態で集積している可能性が指摘されています。本書で特に扱っている月面の水を見つけるための探査対象としてしばしば取り上げられるのも、この永久影領域です。月面の水の重要性と将来の探査については 5 章で詳しく説明します。

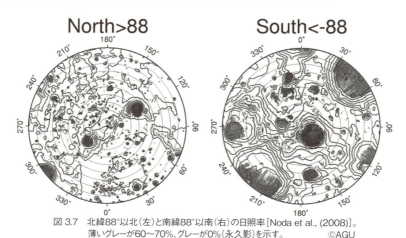

図 3.7　北緯 88°以北（左）と南緯 88°以南（右）の日照率 [Noda et al., (2008)]。
　　　　薄いグレーが 60〜70％、グレーが 0％（永久影）を示す。　　　　©AGU

3.6 高地と海

Q 3-18 全球的に見ると月はどのような姿なのですか？

　月の全体像を知るために、まずは月の全球写真を見てみましょう。図 3.8 は NASA のクレメンタインという人工衛星によって撮影された月の表側と裏側の写真です。普段皆さんが地球から見ている表側はなじみがあると思いますが、裏側はあまりみたことのない人が多いのではないでしょうか。表側は明暗で模様が見えるのに対して裏側は南側が少し暗くなっているものの全体としては暗い部分が少なく、明るく見えることがわかります。表側の月の模様を見て、日本ではウサギがお餅をついているといわれます。ちなみに海外では別の見方をしていて、例えば東ヨーロッパや北アメリカでは髪の長い女性の姿が見えるそうです。このあたりは地域や民族によって様々なため、興味がある人は一度調べてみるとおもしろいと思います。

図 3.8　クレメンタインによって撮影された月面写真。
　　　　表側(左)は暗い模様が見えるのに対し、裏側(右)は明るい領域が広がっている。

Q 3-19 月の表裏はなぜ生まれるのですか?

　月は常に同じ面を地球に向けています。これは月の自転周期（約 27.3 日）と公転周期とが一致していることが理由です。つまり、月が地球の周りを 1 周する間に、月自身も 1 回転していることになります。そのため、月はいつも同じ面を私たちに向けているのです。月のように自転周期と公転周期が一致し、いつも同じ面を向けているのは地球の月に限った話ではなく、太陽系の惑星の周りを周回する多くの衛星にも見られます。このことを潮汐ロックといいます。しかし月がこのような状態になったのがいつ頃だったのか、まだわかっていません。

Q 3-20 月の明暗はなぜ生まれるのですか?

　月の明るく見える領域は「高地」、暗く見える領域は「海」と呼ばれています。高地は文字通り海よりも高い地形の場所を指し、海の由来は昔地球からの天体観測で、暗い場所には水のはった海があると信じられていたためです。高地と海の違いを質問すると、海は隕石の衝突でできたクレーターになっていて、高低差によって明るく見えたり暗く見えたりしている、と答える人が多いです。しかし、実際にはそうではありません。月の明暗は高地を構成する岩石と海を構成する岩石の種類が異なることに由来します。

Q 3-21 高地と海の岩石はどのように異なるのですか?

　岩石とは様々な鉱物が集まった集合体です。高地はその多くを斜長石と呼ばれる鉱物を主成分として、少量のカンラン石や輝石を含む斜長岩から構成

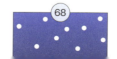

されています。これに対し、海は輝石やカンラン石を比較的多く含んだ玄武岩に近い成分でできています。

Q 3-22 鉱物が違うと色が違って見えるのですか？

　鉱物は種類によって、それぞれ異なる波長の光を特に強く吸収する特徴をもっています。先ほど述べた鉱物からの光の反射率を波長ごとに調べたものを図 3.9 に示します。この図からわかる通り、斜長石は全体的に反射率が高いのに対し、カンラン石や輝石は反射率が低い特徴をもちます。各鉱物では近赤外線の波長帯で特に大きな吸収を示し、それぞれ最も深い吸収波長の位置が異なります。人間の目が光として感じる波長はおおよそ 400 ～ 800 nm くらいまでなので、この違いを判別することはできません。しかし、スペクトルの反射率に大きな差があるため、構成鉱物の違いから高地と海の明暗を認識することができています。図 3.9 は地上での反射率計測で得られたデータをもとに作成していますが、実際の月でも同様の反射スペクトルの計測が行われており、月面での特徴的な岩体探索に大きく貢献しています。

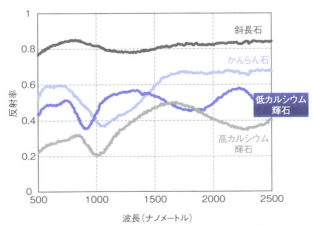

図 3.9　斜長石、カンラン石、輝石の反射率。　©国立研究開発法人産業技術総合研究所

Q 3-23 高地と海はどのようにつくられたのですか?

　これは過去の月の形成と深く関係していると考えられています。月が地球と隕石の巨大衝突によってつくられたと考えられることは本章の前半（Q3-6～3-8）で述べました。このとき、生まれたばかりの月は衝突・集積によるエネルギーによって非常に高温になり、月全体がどろどろに溶けたマグマの海のような状態だったと考えられています。この状態はマグマオーシャンと呼ばれ、これが冷え固まることで現在の月になりました。月ほどの大きさのマグマは一度に急速に冷えて巨大な岩石の塊になるわけではありません。マグマ中で結晶化した鉱物は、密度の小さい軽いものはマグマの上層へ向かい浮上し、密度の大きい重いものは逆に月の中心部分へ向かって沈んでいきます。ここで軽い斜長石は浮上し地殻を形成し、密度の大きなカンラン石や輝石は沈積し、マントルを形成したのです（図 3.4）。高地と呼ばれる領域はこの地殻に相当します。一方で海はどのようにできたかというと、地下に沈積したマントルが何らかの理由により高温となり再溶融して、噴き出たものと考えられています。

Q 3-24 マントルが再溶融して海をつくった理由にはどんなものがあるのですか?

　一度固まった岩石をもう一度溶融させ、地上に噴出させるためには、マントルの温度と圧力が重要と考えられています。通常マントルが固化してしまうとそのまま温度は減少していくため、何かしらの温度上昇のきっかけがない限り、再溶融は起きません。そのきっかけとして考えられているのが、隕石衝突のエネルギーと天然放射性元素の崩壊エネルギーです。
　大きな隕石衝突が起こると衝突地点には莫大なエネルギーがもたらされ、地下では急激な圧力を受けると同時に、表層の物質は吹き飛ばされます。衝

突エネルギーと圧力変化によって温度が上昇するため、大きな衝突では地下の岩石は熱で再び溶け出し、地上に噴出したと考えられます。一方で、衝突した隕石が十分な大きさでなければ、溶岩の再溶融と噴出は起こらず、海を形成することはないということでもあります。実際、月には無数のクレーターが存在しますが、そのうちクレーター内部に海が形成しているものは一部の大きな衝突によるものに限られています。

　放射性核種が壊変を起こすと、特定のエネルギーが放出されます。カリウム（K）、トリウム（Th）、ウラン（U）は天然で放射性同位体を含んでおり、月にも一定量存在しています。これらの元素は固相ではなく液相に濃集する性質があり、マグマオーシャンの結晶化の過程では最後まで液相であるマグマ中に残ります。このため、地殻とマントルの境界に最後まで液体として残ったと考えられており、これを KREEP 層と呼びます。KREEP の名称は液相に濃集する性質をもつ元素の代表であるカリウム、希土類元素（Rare Earth Elements）、リン（P）の頭文字から付けられています。KREEP 層に取り

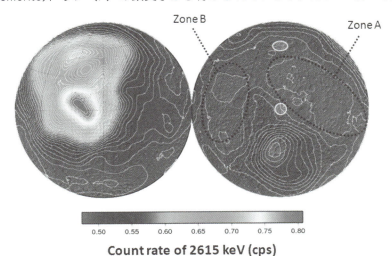

図 3.10　月探査機「かぐや」に搭載したガンマ線検出器で観測したトリウムのガンマ線強度マップ。左は月の表側で、図の左上の強度の高いところはPKT(Procellarum KREEP Terrane)と呼ばれる領域。(口絵)　　　　　　　　　　　　　　　　　　　　©GRS/LPSC

込まれた放射性同位体は壊変に伴い熱を放出します。その熱量が冷えていく熱の量を上回ると温度が上昇するようになり、周辺の岩石が再び溶け出します。物質が固体から液体になるとその体積は増加します。すでに周囲が固体になった状態で内部の一部だけが溶けると、体積の増えた溶岩は周りの岩体によって激しい圧力を受け、上部の地殻を押しのけて地表へと押し出されます。こうした過程によって地下奥深くで再溶融した溶岩が地上に噴出することで海を形成したと考えられます。月面には PKT と呼ばれる KREEP 元素の高濃度領域が観測されており、これは放射性核種による岩石の再溶融の痕跡と考えられています（図 3.10）。

Q 3-25 海の方が高地よりも後でできた地形ということですか？

　マントルが部分的に再溶融したマグマの噴出によって形成した海と比較して、斜長岩でできた高地は古い年代のものであると考えられています。このことを確かめる手段は様々なものがありますが、月ではクレーター年代測定と呼ばれる手法がよく用いられています（図 3.11）。月面には大小様々な大きさの隕石が定期的に降り注いでいます。これによって数多くのクレーターが形成することになります。ところが、海を形成するイベントが起こると、その部分にすでにあったクレーターは一部の特に大きなものを除いて噴出した溶岩に飲み込まれてしまいます。これによって、その地域から古いクレーターが姿を消し、その上からまた隕石がやってきて新しいクレーターを形成します。したがって、ある領域内のクレーターの数が他の領域よりも少ないということはその地域が若い地質であるということを示唆しています。海が形成された年代は、このような手法によって測定され、約 40 ～ 10 億年前程度と推定されています。一方で、月の高地領域は月形成初期のマグマオーシャンで浮上し形成した斜長岩質の地殻であり、その年代は月や地球ができた年代とほぼ同程度に古い約 45 億年程度と考えられています。

3章　地球や月の起源

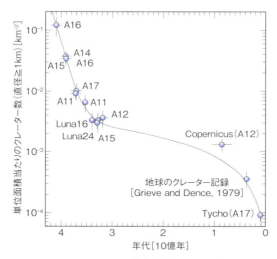

図 3.11　月におけるクレーター数密度と絶対年代の関係[Neukum and Ivano (1994) から改変]　　提供：諸田智克氏

Q 3-26　月の地質年代について教えてください。

　地球の年代は主に生物によって地質年代が区分されていますが、月には生物がいないので、衝突クレーターでできた放出物の重なり方により時代の区分を決めています。クレーターの直径が 300 km を超えると衝突盆地（ベースン）と呼ばれ、それ以下のものを衝突クレーターと分けて呼びます。月の裏側かつ南側に位置する南極エイトケン盆地は、直径約 2500 km と太陽系の中でも最大級の衝突盆地だといわれています。

　月にはその他にも大小様々な衝突盆地、クレーターが至るところに分布しています。その中でも表側に分布する特徴的な衝突盆地やクレーターからの放出物の層序関係をもとにして、月での相対的な地質年代が決められています。地質年代の基準となるものは、月の表側に位置し、比較的古い時代に形成された衝突盆地であるネクタリス、インブリウムと、それらより形成年代

が若い衝突クレーターであるエラトステネス、コペルニクスです（図 3.12）。これらを基準として、表 3.2 のように地質年代が分類されています。しかし、それぞれの年代に分類される地形の正確な形成時期（絶対年代）については不明なものも多くあり、あくまでも現在は相対的な分類で、それぞれの正確な形成年代を得るためには、各地質からサンプルを持ち帰り同位体の分析により絶対年代を測定する必要があります。

図 3.12　月の地質年代の基準となる衝突盆地（ネクタリス、インブリウム）と衝突クレーターの位置。　　　　　　　　　　　　　　　　　　　　　　©NASA

表 3.2　月の地質年代の尺度

地質名称	期間
先ネクタリス代	月形成〜39.2億年前
ネクタリス代	39.2〜38.5億年前
前期インブリウム代	38.5〜38億年前
後期インブリウム代	38〜32億年前
エラトステネス代	32〜11億年前
コペルニクス代	11億年前〜現在

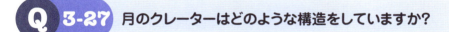

Q 3-27 月のクレーターはどのような構造をしていますか？

　月には非常に多くのクレーターがあり、クレーターのサイズが大きくなるとその形状は特徴的なものに変わります。ある程度以上の大きさの隕石が衝突すると、衝撃で周辺に縁が高く盛り上がった地形を形成します。月面には直径 200 km を超える大きなものから数 km 以下の小さなものまで多数のクレーターがあります。月面のクレーター分布をみてみると、クレーターの数は海よりもむしろ高地の方が多いため、高地は凸凹したような地形になっています。

　大きな盆地（ベースン）では、その外側にリングと呼ばれる隆起した地形を形成するようになります。図 3.13 に示したのは NASA の LRO（Lunar

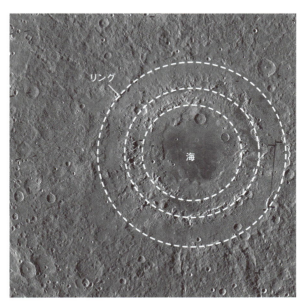

図 3.13　オリエンターレ盆地。中心部の海とその周りに特徴的な三重リングが表れている。　　　　　　　　　　　　　　　©NASA

75

Reconnaissance Orbiter）によって撮影されたオリエンターレ盆地です。これは地球から見て月のほぼ真西にある約38.5億年前にできた隕石衝突盆地で、大きな衝突盆地としては最も若いといわれています。非常に大きな盆地地形なので月の特徴的なクレーター構造がよく表れています。クレーター中心には玄武岩の海が噴き出しており、外側のリングもよく判別できます。リングによって盆地地形が形成しています。リングはクレーターのサイズが大きくなってくると複数が連なって形成するようになります。オリエンターレ盆地の場合は三重のリング（図3.13白点線）があり、その大きさは一番外側のリングで約930kmにおよびます。よく見ると東側のリングとリングの間にも海になっているところがあるのがわかります。

Q 3-28 地球のクレーターも同じような形状をしていますか？

　ここまでに述べたような大規模な衝突構造は、現在の地球でははっきりとした形で残ってはいません。地球に降り注ぐ隕石は地表に到達する前に大気との摩擦でそのエネルギーの大部分を熱として失ってしまい、仮に地表まで到達しても月ほど大きなクレーターや盆地を形成することは稀です。また、大きな衝突構造が過去にできたとしても、地球は今も活動的な天体のため、地殻変動や水・大気による影響などで古い衝突構造がきれいな形で保存されません。そのため、月のクレーターがどのような構造になっているかは科学的に面白いテーマの一つになっています。

　地球上で有名な衝突クレーターとしては、メキシコのチクシュルーブ・クレーターや米国アリゾナ州のバリンジャー・クレーターなどがあります。チクシュルーブ・クレーターはメキシコのユカタン半島北部の小惑星（直径10〜15km）衝突の跡ですが、中心地が海洋にあるために目視では困難です。これは、白亜紀末期の約6650万年前に起きた巨大衝突で、恐竜を含む大型の爬虫類をはじめとする大量の生物が絶滅したK-Pg境界の大イベントです

（Q2-15 を参照）。

　バリンジャー・クレーターは、米国アリゾナ州にある大隕石孔です。今から約5万年前に直径 30 〜 50 m の鉄隕石が衝突して形成されたクレーターで、直径約 1.2 km、深さ 200 mの大きさです。このクレーターは、その衝突の凄さを物語る貴重な自然の記録といえます。地球で最も保存状態がいいクレーターといわれています。

4章
月の水探査

4.1　はじめに

　1990年代後半の月探査の再開とリモートセンシング測定の進歩により、「ルナプロスペクター」に搭載された中性子分光計が月の極に水の氷が存在することを確認しました。続いて、月の極域における高い水氷存在量は、LROの中性子測定によってその裏付けが得られました。2008年に打ち上げられたインドの探査機「チャンドラヤーン1号」に搭載された月鉱物学マッパーM3（Moon Mineralogy Mapper）では月面の2.8〜3.0 μm に水酸基と水の診断吸収帯を検出、2009年に実施された月衛星の衝突実験では、永久影領域で高い水氷存在量（5.6±2.9 wt%）を示す直接的な証拠が得られています。最近では、隕石の衝突によって解放された水を検出し、地上の望遠鏡による観測で月表面の水分子が検出されました。現在では、月表面のほとんどの場所に何らかの形で水が存在すると考えられています。もちろん、月は地球のように海、湖、川などように液体の水に富んだ天体ではありません。しかしながら、月の内部（土壌の深部）には水和層があり、水が保持されていることがアポロ計画や「嫦娥5号」の月の回収試料から確認されました。

　本章では、世界的に注目されている月の水資源探査について、月に水は本

当にあるのか？　どこにあるのか？　これまでの月の水資源の観測方法、特に中性子測定方法による月の水分布の結果や月回収試料の測定で得られた水（水素、水酸基）の存在量について、検出法を含めて述べます。

4.2　無水の月から有水の月へ ● ● ● ● ● ● ● ● ● ● ● ● ● ● ● ● ●

Q 4-1　昔は月にはほとんど水がないと考えられていたと聞きました。今なぜ月の水が注目されているのですか？

　1960〜1970年代に行われたアポロ計画で回収された月試料の分析では、月固有の水を発見することができなかったため、永い間、月は水のない天体だと考えられてきました。また、巨大衝突ではかなりの物質が高温になってしまうため、月の原材料に入っていた水は、どこかに飛んでいってしまったと永く考えられてきたのです。これに関連して、月は非常に揮発性成分（低い温度で蒸発しやすい成分）に枯渇したドライな環境であったというのが当時の通説となっていました。1998〜1999年にかけて、アメリカのリモートセンシング探査機「ルナプロスペクター」により、月の極に近い領域では、水素の存在を示す観測結果が得られました。しかし、これは表層に存在する水の分布を示唆しているにとどまり、やはり月の内部には従来通り水は著しく枯渇しているという見方が強いままでした（ドライ史観）。

　この見方を大きく変えたのは、2008年にSaalらによって報告された研究成果でした。彼らはアポロ計画で月から回収した火山性ガラス（図4.1）の中から、初めて月マントルに由来する固有水の発見に成功したのです。この大きな発見以降、世界中の研究者が月の水に着目し、回収試料や月隕石を広く分析してきました。それらの研究結果から、月の固有の水が実はこれまで考えられていたよりも、はるかに多く月内部に存在していた可能性が考えられ、そこに豊富な水が存在していたとする見方が強くなっていきました

(ウェット史観)。水を測る分析技術が大幅に向上したことが、これらの発見につながっています。少ない量の元素を定量する精度が上がったことはもちろん、水素以外の揮発性成分を同時に測定することで月内部に存在した水濃度との多角的な検証が行われ、月内部水の存在を強く支持することができるようになりました。

図 4.1　アポロ計画で回収された火山性ガラス。このガラスは緑色をしているのでグリーンガラスと呼ばれている。(口絵)　© NASA/JSC

Q 4-2　月の水の供給源としてどんなものが考えられますか？

　月に水が存在すると考えられるようになった根拠や証拠に関しては、月からの回収試料や月隕石中から発見されたもの以外にも、月周回や地上観測から得られた観測データに基づくものなど多岐にわたります。ここではまず、月面への水の供給源として考えられる候補を紹介します。供給源は大きく分けて、以下の4つに大別できます。

① 月内部からの火山活動による揮発性物質の供給

② 水などの揮発性物質を多く含む始原的な隕石による供給

③ 彗星の衝突による供給

④ 太陽風由来の水素と月面酸化物との化学生成

　これら供給源に由来する月面水は内部水と外部水というカテゴリーに分けられます。内部水とは月ができた当時に月内部に取り込まれた水を指し、Q4-1 で登場した火山性ガラスから見つかった水は①を起源とした月内部水に該当します。一方で外部水とは、月が固まってできた後に月表面に輸送・生成された水のことで②、③、④を指します。

　月面で観測される水には様々な要因・輸送プロセスが考えられます。どの輸送プロセスが月面水の起源に効いているのか、数値計算などによって推定が試みられています。しかし、現在までに月の水を実際に測定した定量的な議論は行われていないのが実情です。水の起源解明については、今後の月面水探査に期待したいと思います。

Q 4-3　月が乾いていると考えられていた理由は何ですか？

　地球や月をつくった原材料にも、もともと水は含まれていたはずでしたが、巨大衝突により揮発性の高い元素の大部分が散逸したと考えられています。特に月は、地球と比較して揮発性の高い元素が枯渇していることが既にわかっています。図 4.2 では、比較的揮発性を示すカリウム（K）と揮発性の低いウラン（U）の含有量を天体ごとに比較しています。月は地球と比較してカリウムが枯渇していることがわかります。なぜ同じような材料からできたはずの地球と月でここまで大きく差ができたのでしょう。これは月形成時の巨大衝突の熱やその後の高温な溶融期を経た結果、揮発性の高い元素がより多く宇宙へ散逸してしまったことに由来すると考えられています。水はカリウムよりも蒸発温度がさらに低いので、もともと月材料に水が存在してい

たとしてもその多くは容易に蒸発してしまったはずと考えられてきました。

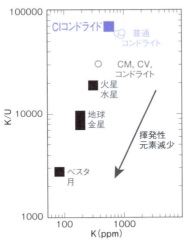

図 4.2　天体ごとに揮発性の高い元素Kと揮発しづらい元素Uの量を比較した図(Taylor et al., 2016を改変)。右上から左下にかけて揮発性(Volatile)の高い元素が枯渇している。"ppm"は濃度を表す単位で"parts per million"の略。

Q 4-4　内部水の起源とはなんですか?

　これには2つの説があります。1つ目は、月や地球の原材料がそもそも保持していたものが、巨大衝突時の散逸を免れ、マントルに水として残存していたという説です。2つ目は、月や地球がまだ完全に固まりきっていないドロドロのマグマのときに、水をふんだんに含んだ始原天体が、地球や月に降り注ぎ、それぞれの天体へ水が供給された説です。後者はレイトベニア説と呼ばれています。しかし、月内部に取り込まれた水の総量や内部水の起源としてどちらが支配的であったかなど、まだまだわからないことも多く、月内部の水の起源解明はこれからの課題でもあります。

Q 4-5 内部水の存在を知るためには、どんなことが重要になりますか？

　月がもともと水に富んでいるか否かを知るためには、マントルの探査が重要になります。月内部に取り込まれた水の総量や内部水の起源は、月の形成条件や、その後どのような物質進化をたどったか決定づける重要な情報です。マグマに含まれる水分量は密度、粘性に大きく寄与するため、マグマから結晶化する鉱物の種類やその割合に影響します。

　ところで、アポロ回収試料や月からの隕石の中からもいくらかの水が測定されています。一方で、固まった鉱物や岩石中の水濃度からもともとのマグマに含まれていた水量を見積もるためには様々な仮定を置く必要があるので、その仮定によって結果が変わってしまうことに注意が必要です。

Q 4-6 マグマの含水量を知るための方法としてどのようなものがありますか？

　マントル由来の岩石を直接回収し分析することが期待されています。マントルは月の約90％以上の体積を占めます。したがって、月に取り込まれた水の量を知るためにはマントル中の含水率が大きく寄与してきます。また、月マントルを構成していた石の中に取り込まれた水分量をダイレクトに測ることができれば、これまで想定していた様々な仮定を排除できるため、見積もりの誤差を大幅に小さくできるかもしれません。これまでに日本の月探査衛星「かぐや（SELENE）」は、マントル由来の可能性があるカンラン岩体が、隕石衝突によって表層に掘り起こされたと思われる地域を発見しています。今後このような場所に着陸して、詳細な観測が実施されれば、マントル由来であるかどうかが明らかになり、まだ私たちが手にしたことがない月マントル試料を直接月面から回収する機会がやってくるかもしれません。月マントルに存在していた水分量を定量的に評価することができれば、ひいては巨大

4章　月の水探査

衝突の影響やその後のマグマ分化の形成条件に強い制約を与えられることが
期待されます。

Q 4-7　外部水の起源とは何ですか?

　まず考えられるのは、水を多く含む彗星や大小様々な始原的隕石による月
面への供給です。これらはもともと月形成当初の内部水への供給にも大きな
役割を担った可能性も高いですが、月が固化した後も月全球に長期間降り注
いできました。これら隕石や彗星によって月面にもたらされた水が相当量
あったと考えられています。最近の研究成果では、月隕石の中から水が関与
しないと生成されない鉱物が発見されており、水を豊富に含む始原的隕石が
月面に水を輸送してきた直接的な証拠と考えられています。隕石により運ば
れてきた水量は 0.6 wt% 以上で、アルカリ水だったと報告されています。

　次に考えられるのが、太陽風に由来する水素イオンの月面への打ち込みで
す。太陽からは高温で電離したプラズマ粒子が絶えず噴き出しています（太
陽風）。その成分の多くを占めるのが、水素イオンです。エネルギーをもっ
た水素イオンはほぼ磁場や大気をもたない月面にそのまま打ち込まれます。
月面を構成する物質はそのほとんどが酸化物なので、打ち込まれた水素はふ
んだんに存在する酸素と結合することで水酸基（ヒドロキシル基、− OH 基）
を生成します。太陽風由来の水素が水酸基として月面に保持され、これが月
の水の原料として期待されています。

4.3　月の水資源探査 ● ● ● ● ● ● ● ● ● ● ● ● ● ● ● ● ●

Q 4-8　月の水資源探査について教えてください。

　月面での水発見には、リモートセンシングによる周回探査が、これまでに大きな役割を発揮してきました。月面に存在する水を測定する有力な方法が、中性子による分光法と、近赤外領域の月面からの反射光を使った分光法です。これらの探査手法はこれまでに複数の月周回機に搭載され、特に月極域に水の存在を示す強い証拠を数々報告してきました。今、月の水が大きく注目されている理由の一つには、先にも紹介したように月の起源や進化に強く関連する月内部に取り込まれた水の起源を知るというサイエンス的な面に加えて、月の水を資源として活用するという観点での理由があります。

　特に、リモートセンシングにより観測される水は、マントルに由来する内部水と違い、深くても 1 m 程度の比較的表層に分布しているもので、十分に人間が掘り返すことができるような場所に存在しています。したがって、将来月面での有人活動において、地球からの輸送コストが必要なく、月面で水を調達できる資源として注目されているのです。

Q 4-9　月の水資源はどこにあるのですか?

　月の中低緯度の温度環境は最大 100℃以上にも達するため、そのままでは水は表面に安定して存在することができず、蒸発してしまいます。そのほとんどは月の重力から抜け出し宇宙空間へ散逸しますが、蒸発した水の一部は重力で引き寄せられ月面に戻ります。月面に戻った水は吸着と蒸発を繰り返して月面上を移動します。この効果をマイグレーションと呼びます。月面を移動する水が最終的に、極域で全く日の当たらない極低温環境にたどり着く

4章　月の水探査

と、熱せられることがなくなり月面に保持されます。したがって、永久影とよばれる低温領域に水は溜まっていきます。

Q 4-10 月の水探査の始まりはいつからですか?

　月の水探査はそもそも月に水が存在するのか、というところから始まっています。現在では特に月極域には多く水が存在するというのが定説になってきています。それに伴って「ほんとうに水が存在するのか」から「どこにどのくらいの量の水が存在するのか」や「水がどのような形態で存在するのか」という点に興味の対象が移っています。水の形態というのは、いわゆる水や氷などの H_2O として独立に存在しているのか、あるいは含水鉱物や水酸基のように鉱物に化学結合して存在しているのか、という疑問です。このように一口に水探査といっても知りたい情報の種類も様々なため、時代の変化にしたがって探査の手法も変化してきました。

　月の水の存在は意外に古くから提唱されています。極域に水が集まる具体的なプロセスについては前述した通り（Q4-9）です。月の極域に水が集積する理論形態は 1960 年代の初頭にはすでに構築されています。米国のアポロ計画が始まったのが 1961 年ですから、そのときにはすでに基礎となる理論が完成していたということになります。

Q 4-11 アポロ・ルナ計画の 月試料の水分析について教えてください。

　1970 年代に入ると、アポロ・ルナ計画で持ち帰られた月の試料の分析が進み、月試料に含まれる揮発性物質の量が測られるようになります。月試料を 1500℃程度まで段階的にゆっくりと過熱していき、そのときに試料から出てくる気体を集めて成分を分析するというものが代表的な手法です。揮発

性物質が鉱物試料から放出される温度はその種類や結合のしかたなどに依存して変わるので、気体が放出された温度ごとにそれぞれ分析することでその種類と鉱物中での形態を知ることができるのです。実際の回収試料から測定された水素ガスの量は多いものでも数十 ppm 程度と微量でした。ただし、この結果は「月面に数十 ppm の水が存在する」とは受け止められませんでした。というのは、月から地球に持ち帰られた試料は運搬や分析の過程で地球上の大気や物質にさらされています。これらの地球上での汚染と月由来の水を区別するとき、数十 ppm という微量の水分を月由来だと断定することはできなかったからです。地上で行われたこれらの測定の結果から、月の表面の大部分が完全に乾燥した状態だと 1990 年代までは考えられていました。

4.4 水資源の観測方法 ● ● ● ● ● ● ● ● ● ● ● ● ● ● ● ● ● ● ●

Q 4-12 月に水があると考えられるようになったのはいつ頃からですか?

　アポロ・ルナ時代には月は乾燥していると考えられていましたが、当時から外部からもたらされた水が逃げていく様子が測定されていました。ここまでのお話で示した通り、月面から逃げ出す水の一部が低温領域に集まることで極域に水が存在すると考えられています。そのため、その様子をとらえたものが月の水の存在を示唆するものとして最も古いものといえると思います。具体的には「アポロ 14 号」の SIDE (Suprathermal Ion Detector Experiment) による測定です。SIDE では質量分析装置を月面に設置し、放出されるイオンの測定を行いました。14 時間の観測によって、水蒸気イオンの放出を示すピークが瞬間的に測定されています（図 4.3）。この結果は月に供給された水が天体表面から放出される様子をとらえたものと考えられています。

月面に水としてまとまった存在があると本格的に考えられるようになったのは1990年代に入り、米国の探査衛星である「クレメンタイン」と「ルナプロスペクター」による測定が行われてからでした。クレメンタインではレーダー観測を行い、月の極域に水が存在することを示唆する結果を初めて取得しています。一方で、測定による誤差の評価などから、水の存在が明確に信じられるようになったのはルナプロスペクターによる成果が大きいといえます。ルナプロスペクターには月探査として初めて中性子分光計が搭載され、月面の中性子分布測定によって水の存在が示唆されました。

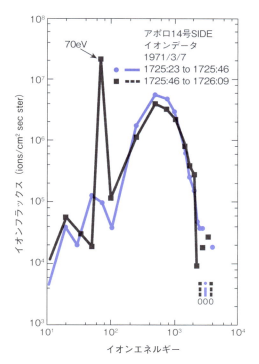

図 4.3　SIDEによって観測された水蒸気イオンのスペクトル。70 eVのピークが水蒸気の放出を示している。(Freeman et al., 1973を改変)。

Q 4-13 中性子測定による水検出の原理を教えて下さい。

　これは2つの物体の衝突を考えると簡単に説明できます。動いている物体1が止まっている物体2に衝突したとき、運動エネルギーの一部が物体1から物体2に受け渡されます。このとき、物体2の質量が物体1よりも十分大きければ物体2はほとんど動かず、物体1はぶつかる前とほとんど同じ速度で反対側に飛んでいきます（図4.4（a））。壁に向かってボールを投げるとそのままボールが手元に返ってくるのをイメージしてもらうとよいと思います。逆に物体1と物体2が全く同じ質量で正面衝突すると、物体1は完全に停止して物体2は物質1の衝突前の速度で動き始めます（図4.4（b））。これはビリヤードの玉同士の衝突を思い浮かべてみてください。ここで重要なのは、中性子と水素の原子核はほとんど同じ質量をもつことです。つまり、中性子と水素が衝突すると中性子はそのエネルギーを最も大きく失います。

(a) 質量差が大きいと物質1はほとんどエネルギーを失わない

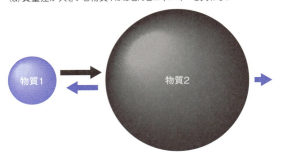

(b) 同質量の衝突ではほとんど全てのエネルギーが受け渡される

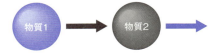

図 4.4　2つの物質の衝突によるエネルギー輸送のイメージ図。

逆に月を構成する主要な元素（例えば酸素）は中性子よりも 10 倍以上質量が大きいため、衝突によるエネルギーの受け渡しは非常に小さいです。

　月の地中では、銀河宇宙線が降り注いだことでたくさんの中性子が生成されています。実際の測定では、月の物質と衝突を繰り返して地表から飛び出してくる中性子を複数のエネルギー領域に区切って測定することで、月面の水の存在を知ることができます。図 4.5 は月の石に水を段階的に添加していったとき、月の中性子のエネルギー分布の変化を示しています。中性子スペクトルの形状が水の存在量とともに変化していく様子がわかります。特に 0.5 eV 〜 100 keV 程度のエネルギー領域で変化が顕著で、このエネルギー領域は熱外中性子と呼ばれています。この中性子計測によって水を探査する手法はルナプロスペクターで用いられて以降、天体の水の存在量を知るための初歩的な手段として広く用いられるようになりました。

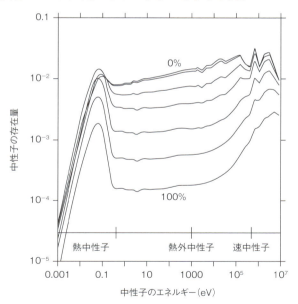

図 4.5　水存在量に対する中性子スペクトルの変化。上から順に 0, 0.1, 1, 3, 10, 30, 100% の水が月試料中に存在する場合［Feldman et al.,(1998) を改変］。　　　　　　　　　©1998, AAAS

4.5　ルナプロスペクターによる水の発見 ● ● ● ● ● ● ● ● ● ●

Q 4-14　ルナプロスペクターの成果について詳しく教えてください。

　ルナプロスペクターの中性子観測では、月の極域で熱外中性子のカウント数が少なくなる領域があることが見つかっています。図 4.6 はクレメンタインの測定した地形分布とルナプロスペクターの測定した熱外中性子の分布図を重ねたものです。北極域と南極域で熱外中性子のカウント数が 3 ～ 5% 程度小さくなっていることがわかります。この領域は月極域の永久影領域と概ね一致しています。この結果はクレメンタインのレーダー観測とも整合性を示すもので、クレメンタインが示唆した極域での水濃集の可能性を支持することになりました。

　一方で、この熱外中性子のカウント数の変化がどのくらいの水量に相当するかという点は様々な議論が行われています。この中性子存在量から水存在量への変換はモデルによって大きなばらつきがあります。これは例えば、氷として地表に分布している、乾燥した層の下に水に富んだ層がある、などの考え方の違いでも水存在量の見積もりは変動します。また、Q4-13 で述べた中性子分光の原理からもわかる通り、中性子測定で得られる情報は本質的には水ではなく水素の存在量です。水素の化学的形態についてはわからないため、観測された水の量は、中性子で測定された水素量がすべて水として換算された場合の総量として評価されている点には注意が必要です。

　最近のルナプロスペクター観測データの解析では、中低緯度の高地領域の平均として 65 ppm 程度の水素（水換算では約 0.06 wt%）が存在し、極域にはより多く 120 ～ 150 ppm 程度の水素濃集（水換算では約 0.1 wt%）があると見積もられています。極域以外の場所で比べると、新しいクレーターの周辺とそれ以外の領域では、前者の方がより水素の存在量が小さいこともわかりました。これは、隕石の衝突によりその場の水素もしくは水が蒸発し

飛んで行ってしまったためと考えられています。

　いずれにしても、従来考えられてきた「乾燥した月」と比較すれば相当量の水が月面に存在すると考えられるようになったのです。永久影領域の面積についてもはっきりとしたことはいえませんが、数 100 km^2 程度は存在するといわれています。面積と水の存在量を考えると、資源として利用できる量の水が月面に存在するという考えが現実的なものであることがわかるかと思います。

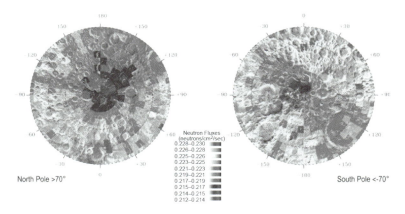

図 4.6　月極域の熱外中性子分布図[Feldman et al.,(1998)]。左が北緯70°以北の北極域、右が南緯70°以南の南極域を示す。(口絵)　　　　　　　　　　　©1998, AAAS

4.6　近年の水探査

Q 4-15　近年の月の水探査について教えてください。

　ルナプロスペクターが極域の水の存在を示してから、世界各国によって多数の月探査計画が実施され、水の存在を示す報告も多くなされています。こ

こでは特にその中でも中性子分光法以外の手法による代表的な成果を紹介します。

　2008年11月に、インドによる探査機「チャンドラヤーン1号」が打ち上げられました。チャンドラヤーンにはM3と呼ばれる近赤外分光カメラが搭載されており、2000～3000 nmの波長領域を使って水の測定が行われました。水は2250 nmや3000 nm付近の波長で最も大きな光の吸収を示します。特にM3の成果で重要なのは、水酸基と水、氷が吸収を示す3000 nm周辺の波長領域の測定が行われたことです（図4.7）。3000 nm周辺の吸収はOHとH_2Oのものと考えられ、それらの空間分布として求められています（図4.8）。OHとH_2Oの量が最大となったのは北極域のゴルドシュ

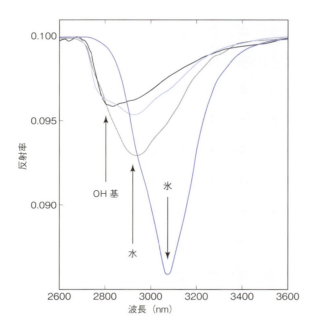

図4.7　2900 nm周辺の水の形態による吸収波長の変化
　　　　［Pieters et al.,（2009）を改変］。　　　©2009, AAAS

ミト（Goldschmidt）と呼ばれる領域です。比較的新しいクレーターのこの領域ではルナプロスペクターの中性子計測で水素存在量が最大の領域とは異なります。この理由としては、中性子と近赤外光で見えている空間的広がりが大きく異なるということに起因しているのかもしれません。中性子は深さ約 1 m 以内に含まれる平均的な水濃度を観測しているのに対し、近赤外光はより浅いごく表層数 mm を観測しています。近赤外光では隕石衝突以降に太陽風でもたらされた表層の水を観測しているのかもしれません。また、水平方向の分解能にも数倍以上の差があるため、より狭い領域のみを測定している近赤外分光であれば、水の濃集をよりスポット的に捉えることができるため、存在量が高く見積もられているという可能性も考えられます。

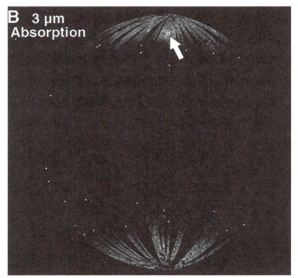

図 4.8 M3によって測定されたOH/H_2Oの分布。北極域のGoldschmidt（図中矢印）周辺で特に大きな値になっている。この領域はルナプロスペクターの計測で小さな水素存在量を示した領域と一致している。
[Pieters et al., (2009)を改変]　　　　　　　　　　©2009, AAAS

会津大学の大竹真紀子教授とその研究チームは、「かぐや」で得られた大量のスペクトル・プロファイラーの観測データを使用して、極域の月面から放出される水やその他の揮発性物質についての放出メカニズムを明らかにしました。高さ約 18 km にも達する水などの揮発性物質が月面から頻繁に噴出／放出されており、特に月の極域でこれらの物質の移動が活発であることを示しました。この揮発性物質は深さ 10 〜 20 cm から昇華によって引き起こされた可能性が高いと考えられています。このような現象は、両極で冬の季節に頻繁に起こり、大きな流星活動（隕石）とは必ずしも一致しないことから、流星などの衝突現象ではないと述べています。この研究により、月の極域では揮発性物質の移動が活発であることと、それらの起源が明らかになりました。

4.7　LRO/LCROSS の成果

Q 4-16　LROの成果とはどういうものですか?

　LRO の行った水探査は主として 2 つに分けることができます。中性子分光観測を行った LEND（Lunar Exploration Neutron Detector）と、衝突体を月面に落下させ巻き上がった粉塵の近赤外分光観測を行った LCROSS（Lunar Crater Observation and Sensing Satellite）です。それぞれについて見てみましょう。
　LEND は中性子分光という点ではルナプロスペクターと同じですが、コリメータと呼ばれる視準器が設置されており、測定する中性子の入射角度を狭くしています。これによって、ルナプロスペクターでは観測高度 30 km で約 45 km の領域を観測していたのに対し、LEND の観測領域は高度 50 km に対して約 10 km です。ルナプロスペクターの熱外中性子分布は永久影領

4 章　月の水探査

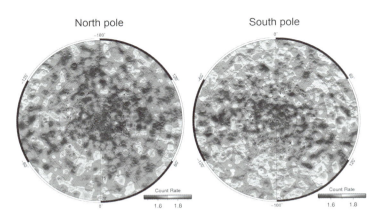

図 4.9　LENDによって測定された北極域（左）と南極域（右）の熱外中性子分布図。コリメータを搭載したことでルナプロスペクターから空間分解能が大幅に改善している[Mitrofanov et al.,(2012)]。　　©AGU

域と強い相関を示していたのに対し、LEND の熱外中性子分布は必ずしも永久影領域と一致しておらず、日照領域に含まれていても熱外中性子存在量が小さい領域（水素存在量の多い）が存在しています（図 4.9）。LEND の測定では、月の表層の水素存在量は多い領域で 400 〜 600 ppm 程度と見積もられています。これが全て水として存在していれば、月極域には 1 km 四方に最大で約 0.5 wt% の水が、深さ 1 m 以内に存在しているということになり、資源として大きな期待が寄せられています。

　LCROSS は、月向かう途中に上段ロケット（セントール：2249 kg）と分離しました。セントールは LCROSS に先んじて月面に衝突し月面から塵を巻き上げました。セントールの月面の衝突速度は 10,000 km/h（2.8km/s）と大きく、カベウス・クレーターに投下した衝突体によって直径 25 〜 30 m（深さ 4 m）のクレーターがつくられました。4000 〜 6000 kg の噴出物が太陽光の届く位置（高さ約 800 m）まで巻き上がり、LCROSS ではこれを近赤外分光することで水の存在量を同定しています。衝突の直後から 1000 K を超える水蒸気の雲が巻き上がり、その後約 3 分間揮発性物質の放出が続きました。粉塵中には様々な形態で水が含まれていて、その構成割合

は時間とともに変化していますが、総合して水の存在割合は 5.6 ± 2.9% と測定されました。これに対して LEND の測定によるカベウス・クレーターの水素存在量は最大で 470 ppm（水換算で 0.4%）と見積もられています。中性子分光との差の大きな原因の一つとして、中性子分光の観測結果での深さ方向における水濃度の一様性の仮定が実際の状況を反映していない可能性が挙げられます。そこで、表層に含水率 0.1% 程度の乾燥した土の層を置き、その下により水を含む層を仮定して LEND の測定結果を再解釈してみると、60 cm 程度厚さの乾燥土壌の下に、約 4% の水を含む土壌があると解釈できます。LCROSS が掘り返して観測した土壌がこの地下土壌だと考えれば、両者の観測結果は整合性がとれます。

　LCROSS の測定では水以外の様々なメタン、アンモニア、水素ガス、一酸化炭素や二酸化炭素、といった揮発性物質の量も観測されています（表4.1）。水や軽元素、揮発性物質は彗星の衝突の名残かもしれません。前述の中性子測定や LCROSS のデータを考えると、水は月面のクレーターの永久影領域において一様に分布しているだけでなく、広い外側の領域にもありそうです。地球外天体での揮発性物質の興味深さについてはここまでに述べた通りですが、検出された物質には有機化合物なども含んでおり、月極域の科学的な面白さはまだまだ奥が深そうに思えます。

表 4.1　LCROSSによって測定された揮発性物質の量とそれらの比率

揮発性物質	分子数 cm^{-2}	水への相対的割合（%）
H_2O　水	$5.1(1.4) \times 10^{19}$	100
N_2S　硫化水素	$8.5(0.9) \times 10^{18}$	16.75
NH_3　アンモニア	$3.1(1.5) \times 10^{18}$	6.03
SO_2　二酸化硫黄	$1.6(0.4) \times 10^{18}$	3.19
C_2H_4　エチレン	$1.6(1.7) \times 10^{18}$	3.12
CO_2　二酸化炭素	$1.1(1.0) \times 10^{18}$	2.17
CH_3OH　メタノール	$7.8(42) \times 10^{17}$	1.55
CH_4　メタン	$3.3(3.0) \times 10^{17}$	0.65
OH　水酸化物イオン	$1.7(0.4) \times 10^{16}$	0.03

Colaprete et al. 2010 を改変

5章
これからの
月の水探査計画

5.1　はじめに ●

　これまで200機以上の宇宙機が、太陽系内の全惑星とそれらの主要な衛星や小惑星や彗星を含めて、多くの地球外天体に送り込まれ天体の観測や構成物質の理解に成功しています。その場観測やサンプルリターンの分析から、それらの軌道要素と天体の物質の成分分布などが明らかになり、宇宙には水を含め活用できそうな有用な資源が大量にあることが明らかになっています。

　人は地球上にある水、鉱物などの資源がなくては生きていけません。しかし、その資源にも限りがあり、使い果たしてしまうと大変です。現在は地球にある資源を利用していますが、将来人類は地球外の宇宙にまで活動領域を拡大し、その場で資源を掘削・生産し消費することになるでしょう。「持続可能な社会」をつくるためには、多くの資源が眠っている広大な宇宙に出て行くことになります。

　本章では、最近月開発が始動しはじめたアルテミス計画、そして今後5～10年かけて月の周回軌道に宇宙基地を国際共同で建設するゲートウェイ計画について述べます。その主な目的は、月面での水などの資源の開発技術の確立

です。この計画ではこれまでの宇宙開発と比べ多くの民間企業が参加し、月の探査計画が進められ、その後の火星探査に関する計画も提案されています。

5.2 これからの月探査計画

Q 5-1 これからの月の水探査はどのように進んでいくのでしょうか？

　米国や日本などの国々は、近々月の周回軌道と無人探査機による月面での水を調査する計画を発表しています。遠隔探査や表面走行の探査機には、水や生命に関する調査をする装置が搭載される予定です。特に南極域のコールドトラップ内の、どこに、どれだけの水が存在しているかどうかを、調査するための様々な装置が積み込まれる予定です。今後の月面活動に必要な水が、月面で十分な量を得ることができれば、将来月で活動する宇宙飛行士たちの滞在生活を支えるだけではなく、月の水を利用してロケット燃料を生成することができます。これが達成されると、必要な燃料を地球から運ぶ必要がなくなり、今後の月以遠のミッションの大幅なコスト削減にもなります。したがって、月の水資源の開発は将来の惑星探査や宇宙にある資源を確保するための最初のステップとなるでしょう。

　こうした将来の惑星探査において、月面における水の有無は大変重要です。しかし、有人の惑星探査には膨大な費用が掛かり、単一の国だけで大規模な宇宙開発を推進していくには負担が大きいことから、今後の月探査や惑星探査は国際協力で進めていくことになるでしょう。アルテミス計画は米国が中心となって進めている有人の月飛行計画です。NASAと民間の協力企業、宇宙航空研究開発機構（JAXA）、欧州宇宙機関（ESA）、カナダ宇宙庁（CSA）などが参加し、月の南極への有人月面着陸、月面基地建設を目標としています。

5章　これからの月の水探査計画

　日本はこの計画に、有人滞在・補給技術などいろいろな面で参画すること
を決めています。また、日本人の宇宙飛行士が月面に降り立つための取り決
めもかわされています。

Q 5-2　月・惑星探査の意義は何でしょうか?

　宇宙は人の知りたいという欲求の源です。人は、月・惑星、太陽系、宇宙、
生命の起源や終焉を知りたい、といった共通の未知なるものへの探求を続け
てきました。20世紀の後半から数多くの探査機を宇宙に送り込み、様々な
宇宙の冒険を展開してきました。人類は新しい探査技術や新たな観測手段を
手にいれるたびに、予想もしなかった発見をしてきました。宇宙開発は、飛
躍的な科学の進歩を遂げ、そして人類に絶え間なく夢と希望を与えてきまし
た。そしてこの進歩は文明の形成に大きな影響を及ぼし、安全で豊かな社会
づくりに繋がっています。

　天体の表面を遠隔観測するだけでなく、表面に着陸して直に詳細に観測し
たり、地球外物質の試料を地球に持ち帰ったりするための手段や装置の開発
が進められてきました。宇宙機による遠隔探査、その場観測、サンプルリター
ンによって、宇宙やその環境についての知識を深めてきました。そして、こ
れからも多くの謎の解明に挑戦していくでしょう。

　これまで月や惑星、小惑星は、主に太陽系の誕生や進化の謎を解く研究対
象として考えられてきました。しかし最近では、月を太陽系の探査活動の拠
点として利用する宇宙探査をめぐる活動が活発になってきています。月面で
はロボットを活用し極域の水資源の開発に、さらに月を中継基地として火星
への有人探査機を打ち上げる構想も示されています。

　今後の月・惑星探査では、宇宙資源を地産地消することで将来の宇宙開発
に大きく貢献することができます。そして、特に次世代を担う子どもたちに
未来の夢や希望を与え、将来の科学技術を支える人材を養成することに繋

がっていきます。こうした探査は様々なフロンティアへの挑戦であり、人類の活動領域を宇宙へ拡大し、持続可能な社会へ貢献することが期待されます。

Q 5-3 なぜ月に人を送る必要があるのですか?

アルテミス計画は、有人月面着陸と宇宙での長期的な居住を実現することを目指しています。探査機を月に送り込むだけでなく、人間を月に送るためには、より進んだ技術や安全なシステムを開発する必要があります。このプロセスによって宇宙技術の進歩と同時に関連産業の育成と成長が期待されます。

月は最も身近な天体であることから、太陽系の天体を探査するうえでよい練習場になります。月と火星は多くの点で異なっていますが、高速で衝突する隕石の脅威から守るためのシェルター建設、レゴリス（細かな砂）中の氷から水を抽出・精製する技術など、今後の月探査で得られる多くの技術は将来の長期間で安全な火星有人探査にも、大変役立つものと期待されています。

現在運用中の国際宇宙ステーション（ISS）や将来のアルテミス計画のような大規模な有人プロジェクトは、莫大な費用が掛かることもあり、各国が自国の国益を第一に考える立場を超えて平和的に協力し合う絶好の機会となります。再び人類が月に降りたつというアルテミス計画は、若い人たちが科学技術を学び国境を越えて実現していく絶好のチャンスとなります。そして、この宇宙への挑戦は直接・間接的に、社会に大きく貢献するものといえます。

5.3 打上げロケットシステムとオリオン宇宙船

Q 5-4 アルテミス計画で使用される巨大ロケットSLSについて教えてください。

　アルテミス計画で使用される新しい強力なロケットシステムは、NASAの打ち上げシステム（Space Launch System, SLS（図5.1））です。SLSロケットの打ち上げ能力は、アポロ計画で活躍したサターン（Saturn）Vロケットに匹敵するもので、深宇宙用の最も強力なロケットです。

　SLSロケットは、エアロジェット・ロケットダイン社（Aerojet Rocketdyne）のRS-25エンジンを4基搭載し、全長100 mを超え、地球低軌道に約100トン、月に向けては約30トンを打ち上げる能力があります。SLSは2段式で、1段目のコア・ステージ両側には固体ロケット・ブースターを装備しています。2段目のロケットの上にオリオン宇宙船やゲートウェイのモジュール、物資などが搭載されます。

図5.1　スペース・ローンチ・システム（SLS）。　　　©NASA

Q 5-5 地球-月間の輸送をするオリオン宇宙船について教えてください。

オリオン宇宙船はNASAが開発した宇宙船で、宇宙飛行士（クルー）や月着陸システムを月軌道やゲートウェイまで輸送します。これは地球-月の往復、そして将来は火星や小惑星への航行を目的とした有人の宇宙船（Multi-Purpose Crew Vehicle: MPCV）です。オリオンはアポロ宇宙船のおよそ1.5倍の大きさで、船内の容量はその3倍、最大6名のクルーが搭乗できます。再利用が可能なことからコスト面も大幅に抑えられています。

オリオンは、乗員モジュール（Crew Module, CM）とサービスモジュール（Service Module, SM）で構成されています（図5.2）。また搭乗員が半年間という長期の深宇宙滞在のミッションに対応するよう設計されています。サービスモジュールには推進用の燃料、クルーのための酸素や水などが搭載されます。さらに、科学観測装置や貨物などが搭載できるようになっています。

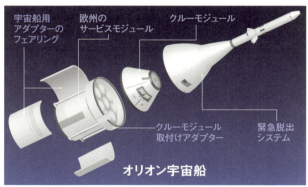

図5.2　オリオン宇宙船とサービスモジュールのイメージ図。

5.4　アルテミス計画と有人宇宙ステーション・ゲートウェイ

Q 5-6　アルテミス計画はどのような宇宙開発ですか?

　アポロ計画ではわずか数日の月面滞在でしたが、アルテミス計画では長期間月面に滞在し活動することが目標です。月面で持続的な活動をするためには、月で自給自足する方法を確立する必要があります。しかしながら、月には大気はなく、また海や川のない過酷な環境なので、解決すべき課題が沢山あります。まず、月面の水を確保することです。地球と違って月は乾いた天体ですが、月の極域付近のクレーター内やその周辺地域の表面には、豊富ではないものの水が存在することが明らかになってきました。そこで、極域のどこにどれだけの水が存在するかを明らかにして、水を確保しなければなりません。月面に人が安全に恒常的に活動する基地を建設するためには、水以外にも様々な技術的課題を解決しなければなりません。

　また、将来の火星への有人ミッションに必要かつ重要な要素を実証することを目的として、月を舞台にした取り組みです。アルテミス基地（ベースキャンプ）では、南極域での長期的な宇宙基地を目指しています。宇宙飛行士が長期滞在できる月面基地は、埃っぽい月面、寒くて長い夜に対処できる新しい技術試験を実施し、月の材料で水をつくり、新しい電力と建設技術を開発するための場所でもあります。

　次に、アルテミス計画がどのように進められていくのかを見てみましょう。未だ、不確定な要素はありますが、ここでは「アルテミス1」「アルテミス2」「アルテミス3」「アルテミス4」「アルテミス5」の5つのミッションについて述べます。

Q 5-7 もう少し具体的にアルテミス計画を教えてください。

アルテミス1：アルテミス計画の初号機ということもあり無人の計画で、打ち上げは、宇宙発射システム（SLS）です。SLSの上部に搭載されるのがオリオン宇宙船です。このミッションの主な目的は月周回軌道へ投入後に月を周回して地球に帰還するまでの全工程の安全性を検証することです。2022年11月16日にアメリカのケネディ宇宙センターから打ち上げられ、オリオン宇宙船は25日半かけて月の周りを周回し、同年12月11日に無事帰還し、大成功を収めました。

アルテミス2：無人のアルテミス1の有人化といえます。ここでは、米国などの宇宙飛行士（クルー）4名を乗せたオリオン宇宙船が月の上空を周回し、地球と月を往復する10日間の有人試験飛行をして地球に帰還する予定です。深宇宙ミッションとしてのSLSとオリオンの諸機能を実証し、次期のアルテミス3に寄与できることを証明します。2025年に実施される予定です。

アルテミス3：アルテミス3は有人の月面着陸です。月の南極付近に着陸予定で、4名の宇宙飛行士のうち2名が月面に降り立ち約1週間調査し、残りの2名がオリオン宇宙船に滞在します。このミッションでは南極付近に着陸船／ローバーを送り、資源探査、資源利用（ISRU：In-Situ Resource Utilization）、科学探査をする予定です。

月面の着陸候補地としては、水の発見など科学目標と将来の月の長期滞在に向けた資源探査の両面から着陸候補地点の検討が行われ、南極付近の13地点が発表されています。いずれの地点も、永久影と呼ばれる日光が恒久的に当たらないクレーターの探査に適した場所から選ばれました。約15km四方、半径約100mのクレーター内やその周辺のレゴリスには水が含まれている、と考えられている地点です。

有力視されている着陸地点の一つに南極地点の近くにあるシャクルトン・クレーターリムの平地があります。その周辺に月基地を整備し、月面走行車

5章　これからの月の水探査計画

が容易に移動できる通路網を構築する計画が提案されています。

　こうした月面探査は、民間企業を含めた国際的な連携により10年間継続的に行なわれ、ここで得られた経験を通じて、将来、太陽系全体に人類の活動を拡大していく計画へと展開されていくでしょう。

　アルテミス4：ルナ・ゲートウェイ宇宙ステーションの国際居住棟（I-HAB）の搬入と設置が行われます。I-HABはESAとJAXAによって開発されています。ミッションでは、I-HABをゲートウェイの最初のエレメントである電力・推進エレメントと居住・物流アウトポストにドッキングさせます。ドッキング後に、宇宙飛行士はゲートウェイにドッキングされた月着陸船スターシップHLS（Human Landing System）に搭乗し、月面に降り立ち、数日間滞在する予定です。2023年3月現在、アルテミス4は2028年9月までに打ち上げられる計画です。

　アルテミス5：民間会社が開発するランダーの有人飛行が予定されています。このミッションは、4名の宇宙飛行士をSLSとオリオンに乗せ、ゲートウェイまで打ち上げ、アルテミス計画の3回目の月面着陸を目指します。さらに、ESAのESPRIT補給・通信モジュールと、カナダ製のゲートウェイ用ロボットアームシステムが打ち上げられ、NASAの月面車も届けられる予定です。ゲートウェイにドッキングした後、2名の宇宙飛行士が月面車を搭載した月着陸船「ブルームーン」に乗り込み月の南極まで飛行します。これは、アポロ17号以来、非加圧式月探査機を利用した初の月面着陸となります。2名の宇宙飛行士は月面に約1週間滞在し、科学と探査活動を行う予定です。アルテミス5は2029年9月よりも前に打ち上げられる予定です。

Q 5-8　ゲートウェイ（Gateway）はどのような計画ですか？

　ISSは地球上空を高度約400 kmで周回していて、現在は常時数名の宇宙飛行士が暮らしています。ISSの大きさは約108.5×72.8 mですが、計画

されているゲートウェイのサイズはその 7 分の 1 程度、重量は約 40 トンです（図 5.3）。ISS に比べると小規模なステーションですが、将来の大規模化に向けての中核を成し、重要な役割を果たすことになります。ゲートウェイは正式には「月軌道プラットフォーム・ゲートウェイ（Lunar Orbital Platform-Gateway）」といい、深宇宙で人間と探査活動を支援するための月軌道の基地であり、月を周回しながら継続的に人間の月面活動を支援することになります。将来、火星へと進展するミッションモデルとしての役割を果たし、人を火星などの深宇宙に送る重要な中継基地となります。

ゲートウェイの要素である HALO と PPE は、2028 年までに SpaceX Falcon Heavy ロケットで月周回軌道へ一緒に打ち上げられます。ゲートウェイは 1 年かけて、月周回軌道（NRHO：Near-Rectilinear Halo Orbit）と呼ばれる独自の極軌道に移行していき、軌道上での組み立ては、2028 年 9 月までに打ち上げ予定のアルテミス 4 ミッションで開始されます。

日本はゲートウェイの居住棟への機器などの提供や物資補給、月面データの共有、月面を走行する与圧ローバーの開発を中心に協力します。そして、日本人宇宙飛行士がゲートウェイに搭乗、および月面に降り立つ予定です。

居住・物流の前哨基地：ゲートウェイの乗組員モジュールとして配備され、4 名のクルーが最大 30 日間宇宙で滞在し活動する予定です。最初に、有人

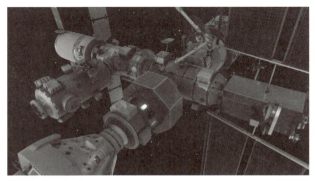

図 5.3　ゲートウェイ　　　　　　　　　　　　　　©NASA

モジュール HALO（Habitation and Logistics Outpost）と電力系・推進系に関係する装置 PPE（Power and Propulsion Element）が装備されます。国際居住棟（I-HAB）と米国居住棟（U.S. Habitat）の居住モジュールがあります。米国居住棟にはオリオン宇宙船やその他の月面支援の車両を含む宇宙船用のドッキングポートが装備されます。

ゲートウェイの軌道：NRHO 軌道は、近月点が高度 4000 km、遠月点が高度 75000 km で、地球と月の重力平衡点に位置するため、燃料消費が少なく済む長楕円軌道です。また重力によって安定していて、しかも常時地球を向いていることから、地球との通信が常時確保されます。軌道を 1 周するのに 1 週間もかかりますが、有人月面探査で注目する月の南極域を見る時間が長くなり、南極探査の中継基地としての特徴があります。

Q 5-9 ゲートウェイは月面着陸や将来の火星探査の月周回の有人拠点となるのですか？

　ゲートウェイは月だけでなく、その先の火星や小惑星を目指すためにも利用されます。そのために、ISS の実験施設や月面とその周辺における宇宙飛行士の長期滞在、資源採掘とその利用などで様々な技術とノウハウを獲得し、習得した多くの技術や経験を将来の有人火星探査や小惑星探査へ活用していきます。地球と火星の間の距離は、月との距離とは比べものにはならないほど遠いので、有人火星探査は少なくとも 2 年以上の長期間のミッションになります。長期間の宇宙滞在となるため、生活で必要な物資や燃料はそうとうな量になるのは必須です。そこで 1 度、ゲートウェイに火星探査機（宇宙船）を寄港させて物資や燃料の供給を受け、火星に向けて出発する、というシナリオが描かれています。将来のゲートウェイへの物資補給では、無人の状態であってもドッキングできる自動のドッキング技術が必須であり、JAXA はその開発を進めています。

　将来の火星ミッションは、人類史上で最長の深宇宙有人ミッションになる

ので、月のゲートウェイが火星の擬似ミッションの場所として利用されます。ロケットや宇宙機の燃料は、将来月基地で生産されることになります。

5.5　月面着陸船

Q 5-10　月面着陸船はどんな宇宙船ですか？

　ゲートウェイから月面に宇宙飛行士を運ぶ有人月面着陸船（HLS）は月軌道上のゲートウェイとドッキングして、クルーを月面に安全に届け、ミッション終了後にはゲートウェイに帰還します（図 5.4）。HLS は、民間企業の SpaceX 社が開発します。
　アルテミス計画では、月の南極域の永久影のあるクレーター内部やその周辺に埋蔵されている水氷の調査を、有人探査のみならず無人探査機によって様々な観測装置を搭載して、水の存在形態、存在量の水平分布と垂直分布を

図 5.4　月に着陸したHLS（有人着陸システム）の宇宙船を描いた想像図。
Ⓒ Steve Jurvetson

5章　これからの月の水探査計画

調査します。表面や地中に埋蔵する水氷などを抽出し、また月のレゴリスから酸素を抽出する技術の実証実験などが計画されています。

Q 5-11 ゲートウェイは月面天文台や火星探査の中継基地となるのですか?

　アルテミス計画が目指すところは、アルテミス 3 で宇宙飛行士が月面に降り立つことではありません。月より遥かに遠い火星を目指しています。長期の深宇宙システムの準備であり、そしてロケットや宇宙機の燃料は月面で製造することが想定されています。

　アルテミスの長期ビジョンには、月の科学を含め多くの宇宙分野の科学実験が含まれています。例えば、地球では様々な電磁波が放射され、また厚い大気で覆われています。地球からの宇宙観測では、これらの電磁波や大気による吸収・減衰が起こり、測定が困難になります。そこで、電磁波雑音や大気のない月の裏側に電波や赤外線の望遠鏡を設置することで長期間の安定な天文台として活用が期待できます。

5.6　超小型衛星を利用する水探査 ● ● ● ● ● ● ● ● ● ● ● ● ●

　アルテミス 1 は無人探査なので、将来の有人探査として想定される 4 名分の余剰重量に相当する 10 基分の超小型探査機を相乗りさせ、質量バランスを調整しました。10 基のうち 2 基は日本の開発した超小型探査機、重量はわずか 12.6 kg の OMOTENASHI と 10.5 kg の EQUULEUS です。そこには将来の有人宇宙探査に役立つかもしれない科学と技術が詰め込まれていました。残念ではありますが、両者とも目標を達成することはできませんでした。

　OMOTENASHI は、月面着陸技術実証機です。ロケットから分離直後か

ら地上と通信できず、月着陸を断念。RCS（Reaction control system）のスラスターバルブが不具合であったことが失敗の原因のようです。

　EQUULEUS は、地球・月系ラグランジュ点探査機です。打ち上げ後は地球・月系第 2 ラグランジュ点に向けて飛行を続けていましたが、約半年後に通信が途絶しました。電源が枯渇して無制御状態に陥ったと推測されています。

　超小型衛星（ここでは 100 kg 以下の衛星を指す）は、大型／中型衛星と比較して格段に安い価格で製作ができ開発期間も短く、実用衛星の機能の一部を代替できます。さらに、大量生産ができるということから数多くの衛星を打ち上げることで衛星コンステレーションとして運用することができます。従来にない高い付加価値をもつ機能とサービスが展開できることで、多くの企業がベンチャーを中心に新ビジネスを創出しています。

Q 5-12　超小型衛星の特徴はどんなところですか？

　超小型衛星の製作では、集積化が急速に進み小型化と高信頼性化が進展しています。どの衛星にも共通に必要なバス機器は、既製装置として購入できるようになっています。ソフトウエアも関連部品も急速に発展し自律化が進められています。近年では、筐体やバス系機器のほとんどが入手でき、超小型衛星の作製がより短期間で達成できます。研究課題が切迫している場合にはバス機器は市販品を購入する、あるいはシステムエンジニアリングを実践して自分で全体を設計・製造するなど、それぞれのニーズに合わせた製作が可能であることも特徴といえます。

Q 5-13　超小型衛星を月の水探査に利用できますか？

　月周回軌道から月面を観測すれば、地球から月面を観測するよりもより高

5章　これからの月の水探査計画

い精度で水の探索が可能となります。観測技術の発展に伴い超小型衛星でも、高精度の観測が実現できます。今後、ますます超小型衛星による探査が進められていくことでしょう。

5.7　天文台 SOFIA による水観測

Q 5-14　衛星探査以外で水探査は行われていますか?

宇宙機以外を用いた月の探査として、航空機に搭載された望遠鏡による探査が行われてました。宇宙から地球にやってくる赤外線は、地球大気に含まれている水蒸気によってほとんど吸収されてしまい地表に到達することができません。したがって、赤外線の観測は大気圏外での観測が必要となります。

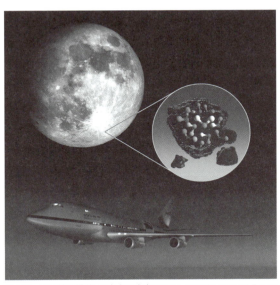

図 5.5　航空機に搭載した宇宙天文台SOFIA。©NASA/Daniel Rutter

ジェイムズ・ウェッブ望遠鏡（JWST）のような宇宙機に搭載された大型赤外線望遠鏡（後述）は、大気圏外の銀河、星、惑星、月などを観察しています。一方、成層圏赤外線天文台（SOFIA）は、高度 12 ～ 15 km の成層圏を飛ぶ航空機 747SP に搭載され、観測範囲の異なる 9 つの装置で月面の観測が行われました。この高度での大気による赤外線吸収は 1% 以下で、直径 2.5 m の赤外線反射望遠鏡によって、月の水分布を観測することに成功しました（図 5.5）。これにより、この高度の航空機からの赤外線観測は、費用や開発期間の短縮、観測機器の調整や修理など、従来の宇宙機搭載の宇宙望遠鏡と比べて多くの利点があり、将来有望な観測方法であることが実証されました。

Q 5-15　SOFIAによる月の水観測ではどのような結果が得られたのですか？

　SOFIA には 1 ～ 655 μm の赤外線を観測する装置が搭載され、その装置により水分子に特有な赤外線波長 6.1 μm の信号を捉え、クラヴィウス・クレーター内のレゴリス中に水が存在することわかりました。クレーター内の水の含有量は 100 ～ 412 ppm（平均約 350 mL/m^3）です。この水の起源としては、水を含む隕石が月に衝突して水が蓄積・保存された可能性、太陽風中の水素イオンが月の鉱物中の酸素と反応して水酸基が生成される可能性など、が提案されています。さらに SOFIA の観測は、月の水はクレーター内部だけでなく、その周辺そして月面全体に分布している可能性があることを示しました。

　SOFIA の月の水に関する検出結果は、これまでの月周回探査機（ルナプロスペクター、かぐや（SELENE）、チャンドラヤーン、LRO ＋ LCROSS など）に搭載された赤外線分光器によって示された結果と同様に、月面に水が、特に極域に多く存在することを示しました。これらの観測結果は、アルテミス計画の大きな牽引力となっています。実際に月面に水があれば、将来の人類における長期月面活動や火星有人探査のハードルはぐっと下がることになります。

5.8 ルナトレイルブレイザー計画

Q 5-16 ルナトレイルブレイザー計画について教えてください。

　ルナトレイルブレイザーは、重量200kg、電力1.3 kWの小型衛星で、2024年中に打ち上げが予定されています（図5.6）。月の水は岩石やレゴリスの中に閉じ込められているか、また月の永久影になっているクレーター内の表面に水氷として集まっている可能性があります。このミッションは、月の周回軌道から水の形態、量、分布、地質学的性質について調査します。この探査機には2つの最先端の機器（高分解能揮発性ムーンマッパー（HVM3）および月熱マッパー（LTM））が搭載され、様々な形態の水の場所、その水がどのように時間とともに変化するかを調べます。

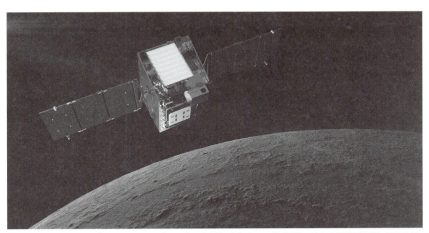

図 5.6　小型の月周回衛星ルナトレイルブレイザー。高解像度水氷マップを提供し、月の水循環を理解し将来の月着陸ミッションに有用な情報を与える。
©Lockheed Martin

5.9　日本の月探査計画

Q 5-17　日本の月探査計画への取り組みを教えてください。

　日本が進めてきた月探査の取り組みは、フロンティアの拡大に向けて国際協力の枠組みの中で地球低軌道の ISS から月、そして火星へのステップ・バイ・ステップのアプローチを基本として進めていく計画です。有人の ISS・きぼうの宇宙開発・運用、月探査機「かぐや」、小惑星探査機「はやぶさ 1」「はやぶさ 2」、金星探査機「あかつき」をはじめとする月・惑星科学探査が進められ、大きな成果を挙げてきました。それらの探査で得られてきた技術、知識や人材を最大限に活用し、アルテミス計画に日本も参加し様々な取り組みが進められています。

　それだけでなく、これまで進めてきた惑星探査の計画もあります。ここでは、小型月着陸実証機「SLIM」と月極域探査機「LUPEX」について取り上げます。

Q 5-18　小型月着陸実証機SLIMとはどんな宇宙機ですか?

　SLIM (Smart Lander for Investigating Moon) は、重力のある天体 (月) に、高精度で着陸する日本の無人月面着陸実証機です (図 5.7)。この高精度着陸は、今後のアルテミス計画や将来の月・惑星探査に欠かすことのできない重要な技術です。これまでの宇宙機は「降りやすいところに降りる」という着陸であり、SLIM では「降りたいところに降りる」という大きな技術的進歩となります。高精度着陸は、将来の太陽系科学探査においては必須の技術となります。

5章　これからの月の水探査計画

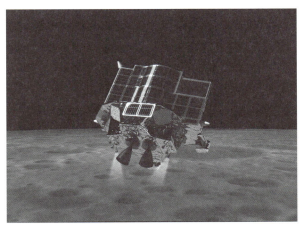

図5.7　小型月着陸実証機SLIM。　　　　　　　　　©JAXA

Q 5-19 重力天体への着陸が技術的に難しい理由は何ですか?

　重力のある天体に着陸しようとすると、天体の重力に抗しながら天体に降りなければなりません。そのためにはエンジンに大きな推力を発生させ、それを制御する必要があります。高精度の制御には細かい制御が可能なパルス燃焼という方式が用いられます。少しずつエンジンを噴いて、噴いては止めながら推力の調整をして制御します。

　従来の着陸方式では地球上から月を周回する探査機の軌道を計算し、あらかじめ月面に降りるタイミングを決めていました。SLIMの着陸方式では、月面のクレーターの写真を撮り、過去の探査機のデータと照合しながら自分の位置を高精度測定します。従来と比べて計算効率の高い画像処理ができるアルゴリズムを用いて、自律的に判断をして高精度・高速処理しながら目的地に着陸します。

Q 5-20 SLIMはどこに着陸しましたか?

日本初の小型月着陸実証機 SLIM は HⅡ-A ロケットにより、2023 年 9 月 7 日に種子島宇宙センターから打ち上げられました 2024 年 1 月 20 日に高精度の月面着陸に成功しました。

SLIM の着陸地点は、地球から見える月の表側で赤道近くの「神酒の海」にある小さな栞（SHIORI）クレーター（南緯 13.3°、東経 25.2°）近傍に着陸しました。着陸態勢中の障害物検知をしている際の位置精度は、概ね 10 m 程度以下と報告されています。しかしながら、高度 50 m 付近で何らかの異常が発生し、メインエンジン 2 基のうち 1 基が喪失しました。そのために、予定外の水平速度が発生し、想定した位置から東に約 55 m 移動したようです。

SLIM の着陸姿勢は、探査機の各種データからメインエンジンが上を向いたほぼ鉛直の姿勢で、太陽電池パネルが西を向いた姿勢であると思われます。日照条件の変化に伴って再度通信が確立され、マルチバンド分光カメラのスキャン撮像が実施されました。その後、日没を迎え SLIM は冬眠状態に入りました。

Q 5-21 月極域探査機LUPEXについて教えてください。

JAXA とインド宇宙研究機関（ISRO）と協力して LUPEX（Lunar Polar Exploration）ミッション進めており、2026 年度以降に月面ローバーと着陸船を送り、月の南極地域を探査する予定です。JAXA は H3 ロケットによる打ち上げと月面走行車ローバーを担当し、ISRO は着陸船を担当します。民間でも日印の合同チームが月面探査をする計画が進んでいて、月極域にある水やその他の資源を探査する計画が検討されています。

月の水探査は「どこにどのくらいの量の水が存在するのか」や「水がどのような形態で存在するのか」という点に大きな関心が寄せられています。これまでの周回衛星による観測によって、月の極域に水が多く存在しているであろうことはわかってきました。その次の探査形態として、月の極域に着陸機によって降り立ち、その周辺一帯をより細かに調査するということが考えられています。そのため、将来の計画では、月の周回機から、着陸機と月面探査車を用いた探査方法へと替わっていきます。

5.10　月の水以外の資源 ● ● ● ● ● ● ● ● ● ● ● ● ● ● ● ● ●

Q 5-22 水以外に月にはどんな資源がありますか?

本書では、これまで月の資源として水に焦点を当てていましたが、それ以外にも利用できる資源はたくさんあり、様々検討されています。

最も代表的な例としては、月の特異な環境が資源であるという見方です。低重力や大気・磁場のない環境は地上の実験室で再現するのは困難なため、いくつかの研究分野にとって月は魅力的な実験場であるといえます。例えば、地球上では遠方からやってくる微弱な光を観測する際には大気の影響が無視できないことはこれまで述べた通りです。太陽系や銀河からやってくる荷電粒子もほとんどは大気中で相互作用を起こしてしまい地上では直接の観測ができません。ISS の滞在する地球低軌道では大気はありませんが、地球磁場の内部なので荷電粒子の一部は曲げられて測定に影響を及ぼします。探査分野では、月の低重力環境が重要視されています。月を拠点として火星や深宇宙領域に向かうための宇宙機を月で打ち上げられれば、そのコストを大幅に削減することができます。

人類が長期滞在するのに十分な拠点が構築されれば、月から地球や宇宙を

観測することや、一般の人が月旅行を行う観光資源としても利用されるかもしれません。

Q 5-23 月資源の利用について教えてください。

　月面での資源開発は、実際に物質を月で生産・活用することであり、地球に持ち帰ることではありません。宇宙へ進出する基盤を確立し、さらにそれを拡大していくためには、月の資源を採掘して月面で精製・加工して、人が月で長期滞在ができるようにする必要があります。そして深宇宙への探査を可能にすることで、持続可能な宇宙開発の展開ができるようになります。

　月面基地建設の初期段階では、地球から様々な機器や物資を運んでいかなければなりません。1度で大量の物資を月面に輸送できるようになると、ロケット燃料を生産する設備や太陽光発電用のソーラーパネルを製造する小規模のプラントなどを月面に持ち込むことが可能になります。月面活動に不可欠なエネルギー源が確保できるようになれば、基地建設が開始され現地調達の材料を徐々に増やしていくことが可能となり、月面基地は急速に発展していくことでしょう。

　ISSの後継機としての新たな「ゲートウェイ」を月周回軌道に建設する計画が現実味を帯びてきました。最近は、ボーイング、エアバス、ロッキードマーティンなどの大手の民間企業は、現実的な目標として「月」を見直し、月での開発へとシフトしています。

　今後、アメリカ、ロシア、中国も含め「資源探査」を目指した探査計画が目白押しであり、さらに韓国も計画が遅延しつつも月計画を推進しています。将来の月探査は資源探査の段階を超えて、月面の資源開発へと向いて行くように思えます。今後、月に十分な資源があるとなれば、世界中の企業が月の資源開発に参集していくことになるかもしれません。

5章　これからの月の水探査計画

Q 5-24 月に金属資源はありますか?

　月にも地球と同様に様々な元素が存在しています。しかしながら、月では地球上のようにある元素が極端に濃集した「鉄鉱石」や「ボーキサイト」、「水晶」などの塊はほとんど存在していません。

　月面を構成している岩石やレゴリスの主要な元素は、酸素、マグネシウム、アルミニウム、ケイ素、カルシウム、チタン、鉄などで、その多くが酸化ケイ素、酸化マグネシウム、酸化アルミニウム、酸化カルシウム、酸化チタンや酸化鉄などの酸化物になっています。金属資源は、酸化物から酸素を取り除き、残り物として抽出することができますが、一方で、抽出には大量のエネルギーが必要なため、金属資源として利用するには技術的課題があるかもしれません。

　ケイ素は半導体の材料などに使え、太陽電池パネルなどを製造することができます。また、酸化アルミニウムや酸化マグネシウム、酸化カルシウムなどはガラス材料やセメントの材料としても利用できます。

　アルミニウムは月の高地に豊富にある「斜長石」という鉱物に大量に含まれています。場所によっては、斜長石を90％以上含む岩石があります。高地を構成している岩石にはアルミニウムが多く含まれ、鉄やマグネシウムは欠乏しています。逆に、海の物質は鉄とマグネシウムに富み、アルミニウムは欠乏しています。また、チタンを含んでいるイルメナイト（チタン鉄鉱）は、月の表側の海の部分の玄武岩に含まれています。例えば、「静かの海」の岩石にはイルメナイトが15〜20％も含まれているという報告があります。アルミニウムやチタンは、月面基地の構造物、資源採掘のための道具、ロケットなどの輸送機器、を製造するために使うことができます。

　鉄は有用な資源であり、基地の構造物として役立ちます。鉄はイルメナイトから酸素とチタンを取り出すときに、副産物として鉄も作り出すことができます。鉄の存在量は、高地と海とでは顕著に差が表れることが、これま

での観測からわかっています。図 5.8 に月探査機「かぐや」が観測した面のFeO（酸化鉄）存在量分布を示しました。図からわかるように海領域と高FeO領域がよく一致しています。

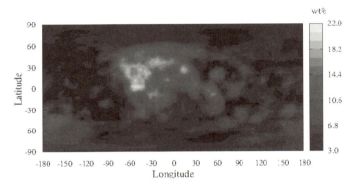

図5.8　月面のFeO存在量分布。[M. Naito, N. Hasebe et al., (2018)]（口絵）

5.11　月の縦孔

Q 5-25　月面に有人拠点の候補はありますか？

　月面の有人活動拠点の候補地として、しばしば月の地下空洞が話題にのぼることがあります。月の縦孔や地下空間の存在は1980年代からすでに指摘されていましたが、月の縦孔が発見されたのは2009年に「かぐや」による観測が行われてからです。「かぐや」の観測で直径数十メートルの大きな縦孔が3カ所見つかったのを契機に、現在では合計21の縦孔が月面に見つかっています。その中で最も大きなものの一つはマリウス丘の縦孔です（図5.9）。

5章　これからの月の水探査計画

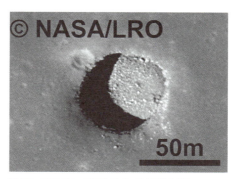

図 5.9　LROによって撮影されたマリウス丘の縦穴。
©NASA/GSFC/Arizona State University

　こうした縦孔は溶岩洞と呼ばれマグマの流れ道だった空洞の天井が隕石衝突などで崩れ落ち形成されたと考えられています。地球でも同じような地形が複数見つかっており、観光地として利用されています。韓国の済州島にある世界最長の溶岩洞が特に有名で、世界遺産として登録されています。
　縦孔の形成過程からわかるように、縦穴周辺には溶岩洞の存在が示唆されるため、そのまま水平方向に地下の空間が広がっていることが予想されます。このような縦孔と横方向に伸びた地下空間は人が月面に滞在することを考えたときにいくつか利点があります。
　第一に、月面の昼夜の温度差は200℃を超えますが、縦孔の内部や溶岩洞窟の中は温度変化が月の表面と比較すると大変穏やかです。図 5.10 は月面とマリウス丘の縦孔の底の北側の日の当たる領域、南側の日の当たらない領域の温度変化を計算したものです。もし、この縦穴に地下空間（横穴）が存在すれば温度変化はさらに小さくなると予想されます。
　第二に、宇宙空間から降り注ぐ微小隕石などの影響が小さいことが挙げられます。月面には大気が存在しないため、地球上では大気圏で燃え尽きてしまうような小さな隕石が常に降り注いでいます。

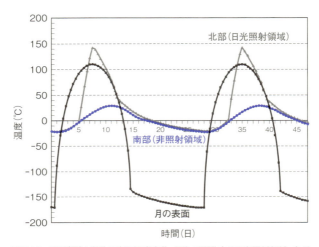

図 5.10 月面(黒)と縦孔の底の温度変化。灰色が縦孔内の日光照射領域、青が非照射領域を示す。
©2012 Springer-Verlag GmbH Berlin Heidelberg

　第三に、地形による放射線の遮蔽効果が非常に大きいことがあります。縦孔や地下空間の中では周りの月物質によって覆われた状態になっているので、高い遮蔽効果が期待できます。図 5.11 はマリウス丘の縦孔の底に水平方向の空間を仮定したときの被ばく量を計算した結果です。縦孔の底（縦孔の中心から約 30 m）では年間被ばく量は約 20 mSv です。また、縦孔の底中心から 75 m 程度（縦孔の縁から約 50 m）の距離では約 1 mSv/y となり、地球の公衆被ばくの限度と同程度になっています。

5章　これからの月の水探査計画

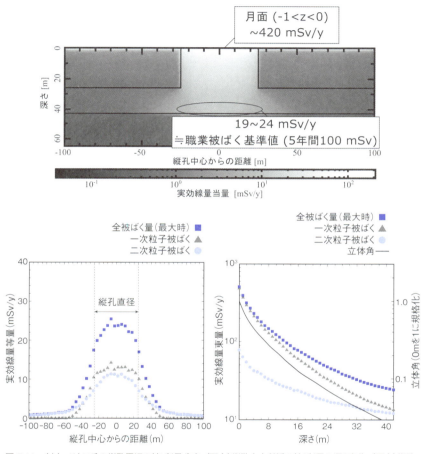

図 5.11　(上)マリウス丘の縦孔周辺の被ばく量分布。(下左)縦孔中央付近の被ばく量の深さ変化。(下右)縦孔の底の水平方向の被ばく量変化[M. Naito et al., (2020)]。　　　©IOP

5.12 月面の電力事情

Q 5-26 月面で電力を確保することはできますか？

　宇宙で電力を確保しようとしたとき、最初に思いつくのは太陽光発電です。月面は大気がないので、地球表面と比較して太陽光の利用できる強度は約1.4倍も高くなります。月面の長期日照領域は安定した電力を得るために重要な地域といえます。したがって、極域にあるクレーターのリムで平坦な場所に、太陽光発電場所を設置するのがよいと思われます。

　次に、太陽光発電以外の方法についても考えてみましょう。原子力発電はどうでしょうか。月には、核燃料物質の主要元素であるウラン（U）とトリウム（Th）の元素が濃集している地域があります（図5.12）。「かぐや」に搭載されたガンマ線分光計によって、U、Th、Kなどの元素濃度の分布が、月全域にわたって測定され、その結果月の表領域のPKT領域（Procellarum

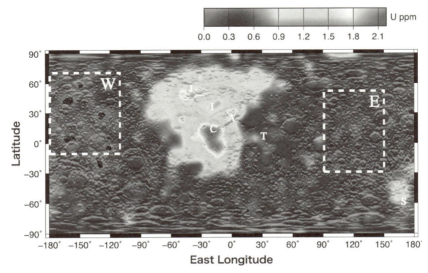

図5.12　月面のウラン存在量分布［Yamashita, Hasebe et al., (2010)］。（口絵）　　　　　©AGU

5章　これからの月の水探査計画

KREEP Terrane）と呼ばれるところに高濃度で分布していることが明らかになりました。しかし、高濃度の鉱石が露出しているかどうかはわかっていません。今後の探査で、高濃度のUやThの鉱石が見つかる可能性はあります。

5.13　^{3}He と核融合発電 ● ● ● ● ● ● ● ● ● ● ● ● ● ● ● ● ● ● ●

Q 5-27　ウラン以外に利用できる元素はありませんか?

　最近、注目を集め始めている核融合発電というものがあります。核融合反応による燃焼は自然界でも太陽をはじめとする恒星の内部で起こっています。核融合発電も原子核反応の前後で消失する質量を熱に変換して発電を行うという点では原子力発電です。異なる点は原子力発電が^{235}Uなどの核分裂を利用するのに対し、核融合発電は2つの軽い原子核が1つに融合する反応を利用する点です。核融合は原子力発電で問題になっている高レベルの放射性廃棄物を出さないため、環境に優しいエネルギー源として実用化が期待されています。

　核融合で使われる原子核は、水素の同位体である重水素（D）と三重水素（T）、そしてヘリウムの同位体（^{3}He）です。核融合炉で検討されている主な反応はD-D反応、D-T反応、D-^{3}He反応です。現在、世界各国で進められている核融合実験施設では、最も早く実用化が見込まれているD-T反応が使用されています。この反応は比較的低い温度（約1億度）で起こりやすく、得られるエネルギーが多いという特徴があります。しかし、高速中性子が発生するために炉が放射化します。

　次に、D-^{3}He反応について述べます。

$$^2H + {}^3He \rightarrow {}^4He + p + 18.4\ MeV$$

この反応は生成するエネルギーが大きく、副産物として生成する粒子が荷

127

電粒子の陽子です。他の有力視されている核融合反応と比較して中性子を生成しないために周辺物質の放射化に関する問題が小さく、D-^{3}He 反応は放射能的にクリーンな夢の原子炉と考えられます。しかし、原子^{3}He は地球上では希少な同位体なので、地球に存在している^{3}He は総量でわずか 20 トン程度と推定されています。^{3}He は月面に自然貯蔵されていることが、アポロの帰還試料の研究から明らかになっています（Q5-28）。そこで、^{3}He を月面から回収できれば燃料の入手問題は解消されます。一方で、D-^{3}He 反応は原子核を 10 億度程度に加熱する必要があることが技術的なネックとなっています。

Q 5-28 ^{3}Heは月面のどの領域に多く存在するのですか？

　太陽表面から放出される粒子群（太陽風）は約 95％ が水素イオンで、約5％弱がヘリウムイオンです。水素の大部分は ^{1}H、ヘリウムは ^{4}He が最も多く含まれていますが、同位体である重水素 D や ^{3}He もある割合で含まれています。水素とヘリウムとの違いは、水素は反応性が高いのに対し、ヘリウムは反応性が低い希ガスである点です。したがって、ヘリウムは水素よりも月面に留まりにくい性質を示します。

　ところで、チタン鉄鉱（$FeTiO_3$）は月の主要鉱物で、水素やヘリウムなどの揮発性物質を吸蔵しやすい性質を示します。しかし、隕石衝突などで熱が供給されると、吸蔵されていた揮発性ガスはその領域から逃げ出してしまいます。これらのことから月面の ^{3}He の存在量は、概ね次の三要素で決定されることがわかります。

　　　●月表面の暴露年代
　　　●太陽風の組成
　　　●チタン鉄鉱の存在量
　これらの要素のうち月面で最も大きく変化するのはチタン鉄鉱の存在量で

す。チタンの大部分はチタン鉄鉱として含まれていて、チタン鉄鉱は主に海領域に分布しています。図 5.13 はルナプロスペクターによって測定されたチタン濃度分布図です。Q5-24 で示した鉄の濃度分布（図 5.8）とよく似ていることがわかります。アポロ計画とルナ計画で持ち帰られた試料でも ^{3}He 分析が行われ、海領域からの試料ほど多くの ^{3}He が含まれていることがわかりました。

　海の高チタン濃度領域に含まれる ^{3}He の量は最大で 20 ppb 程度といわれています。単位 ppb とは ppm のさらに 1000 分の 1 です。月面の ^{3}He 存在量は極めて微量のように思えますが、月全体でみるとその量は膨大になります。正確な値はまだ明らかではありませんが、総量は 2 〜 60 万トン程度といわれています。地球上に存在する総量が 20 トン程度であることを考えると、いかに莫大な量であることがわかるかと思います。

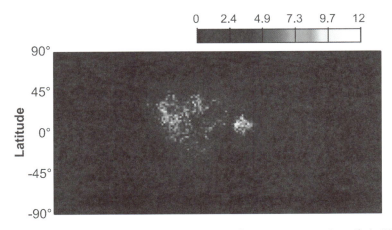

図 5.13　月面のチタン分布図。ルナプロスペクターによって測定［T. H. Prettyman et al., (2006)］。(口絵)
Ⓒ AGU

Q 5-29 ^{3}Heは核融合以外では どのような利用がされていますか?

^{3}He は将来の核融合発電の燃料以外に、中性子分光計の検出媒体としても利用されています。中性子分光計が天体の水探査に利用されています（4 章 Q4-12 〜 14 参照）中性子を計測するうえで重要になるのは、電荷をもたない粒子である中性子をいかにして測定するかという点です。最も一般的なのは、いくつかの特定の原子核が起こす中性子の捕獲反応を利用する方法です。^{3}He は以下の中性子捕獲反応を起こします。

$$^3He + n \rightarrow {^3H} + {^1H} + 0.764\ \text{MeV}$$

この反応でも質量がわずかに減少するため、その分のエネルギー（0.746 MeV が ^{3}H と ^{1}H に受け渡されます。この反応で生成する粒子は荷電粒子なので、これを測定することで中性子の検出としています。

熱外領域と呼ばれる 0.5 eV 〜 500 keV 程度のエネルギー領域が特に水素の存在量に対して敏感であるのは 4 章で述べました。そのため、水を探査するための中性子計測では、いくつかの種類を組み合わるなどしてエネルギー領域を区切って測定するための工夫がされています。実際の例では、ルナプロスペクターに搭載された中性子分光計は ^{3}He を用いた検出器とカドミウムの遮蔽材を組み合わせることで熱外中性子と熱中性子をそれぞれ測定していました。

6章
これからの生命探査

6.1　はじめに ●●●●●●●●●●●●●●●●●●●●●●●

　宇宙のどこかに生命がいるのだろうか？　ガリレオ・ガリレイによる望遠鏡観測から始まり今日の探査機時代に至るまで、太陽系の天体について長い観測の歴史があります。しかしながら、地球外生命の証拠は未だ見つかっていません。地球外生命にとって有利な環境は、液体の水が安定して存在する惑星であると考えられています。太陽系内天体の探査は、この考え方を検証する試みと位置づけることができます。その主な場所が地下に限られているとはいえ、地球を除いた太陽系内の天体として次の天体：火星、エウロパ、ガニメデ、カリスト、エンセラダス、タイタンには、生命に不可欠な液体（水など）が存在することは、ほぼ間違いがありません。

　太陽系の外の宇宙に目を向けると、ケプラー宇宙望遠鏡は系外惑星を大量に発見しました。宇宙には惑星があまねく存在することが観測により示されました。そうすると「第二、第三…の地球」があるに違いないと思えてきます。しかしながら、太陽系以外の生命を探すことは、簡単ではないものの、その取り組みが世界中で始まっています。

　本章では、太陽系内外の生命探査を取り上げます。太陽系内の宇宙で生命

体が存在している（存在していた）形跡を、見つけられる可能性が最も高い天体は火星です。そこで、まず火星の最近の生命探査についてお話しします。次に、火星以外の太陽系内で生命体の存在が高い天体として土星の衛星エンセラダスの環境について、そして系外惑星の探査と系外生命体の探査の研究に向けた取り組みについて述べていきます。

6.2　火星の生命探査

　火星にはかつて広大な海が存在し大量の水が存在していたことから、生命が存在していた可能性を否定することはできません。そうした観点から、太陽系の中で生命体が存在している（していた）形跡を見つけられる可能性が最も高い天体は火星です。

Q 6-1　火星にはかつて川、湖、海があり、大量の水があったのですか？

　これまで火星には多くの周回機が送り込まれ、地表はどんな地形なのかを火星の周りを回りながら写真を撮って調べてきました。2006年に到着した火星周回機「マーズ・リコネッサンス・オービター（MRO）」は、地球観測衛星の画像と同じくいの解像度で、火星表面を撮像しています。高解像度で火星を眺めると、様々な河川の跡、それらの河川が注ぎ込んでいた湖の跡、川で削られた谷、クレーターの壁に見られる地層など、色々なものが見えてきました。火星で見えたそれらの地層には粘土や塩などがあり、それらは水が液体で存在したことでつくられた地層であり物質であるといえます。例えば、粘土は岩石に水が長時間接触することででき、塩は岩石から水に溶け出したミネラルが固まったものです。河川や湖の跡や粘土といった物質が地表に存在した痕跡が観測されたのは、地球を除けば今ところ太陽系では火星だ

6章　これからの生命探査

けです。かつての火星には、生命に適した環境があったといえます。生物の存在は未だ確認されていませんが、生命がいただろうと思われます。もしかしたら、塩湖のような場所に現在も生命がいるかもしれません。もちろん、生命といっても高等生物ではなくバクテリアや細菌類の可能性が高いといえます。

Q 6-2 生命が存在する環境として火星は適していたのですか?

　生物が生存するためにはエネルギーが不可欠です。地球上のほとんどの生物は、直接・間接に太陽光を利用する光合成に依存しています。そして、地球には光合成をしない生物もいます。それは、温泉や深海底の熱水噴出孔付近に生息する細菌です。深海底熱水の噴出孔からは300℃にもなる熱水とともに、硫化水素（H_2S）、硫黄（S）、水素（H_2）などが吹き出しています（2章参照）。それらの無機物から有機物を合成する細菌が沢山生きています。もしも、火星の地下に硫化水素、水素が存在すれば、それらをエネルギー源とする微生物が生息している可能性は否定できません。

Q 6-3 火星環境はどのように進化してきたのですか?

　約40億年前の火星には深い海（深さ1600 m以上）があり表面のかなりの部分を覆い、そして厚い大気に覆われていたと考えられています。南半球には湖や大河が、北半球の低地には大海があり、生物が生息できるような環境だったといわれています。約37億年前までは、火山活動が活発であるとともに、また、表面を流れる水により浸食や谷の形成、豊富な粘土層が生成されました。火星の主要な地形の特徴はこの時代に形成されたようです。約37億年前頃から火山活動や大洪水の発生率は低下していきましたが、36億

年前頃には火星表面の3分の1以上を占める巨大な海に覆われていました。当時の水質はpH 6.9〜7.3の中性で、生命の生存に適したものだったと考えられています。それ以後、火星の海水は次第に蒸発して徐々に冷えて地表の水は氷になっていきました。34〜33億年前には火山活動が終わり、重力が小さい火星から大気が徐々に逃げ出して、次第に薄くなり寒冷化していきました。現在、極地方には極冠という形で水の氷が存在していますが、かつての大量の水は宇宙空間に散逸してしまい、一部は地下の永久凍土になっていると考えられています。

　現在、荒涼とした砂漠の広がる赤い天体となっています。火星は、当時の地球環境の変化を遥かに上回る劇的な環境変化をしていました。こうした進化を考えると、

　①水が豊富にあった約38億年前に火星生命は存在したのだろうか？
　②生命は今でも火星のどこかで生き延びているのだろうか？

といった疑問が湧いてきます。この疑問に答えていくのが、火星の生命探査になるでしょう。そのためには「火星のサンプルを地球に持ち帰る」ことが一番です。しかし、重力の大きい火星からサンプルを持ち帰るのは、ほとんど重力のない小惑星からそれを持ち帰るのとは違った難しさがあります。方法としては、まず火星からサンプルを積んだロケットを打ち上げ、それを火星軌道で別の宇宙船が捕獲し、地球まで届けるという、高度な技術と挑戦が必要となります。現在、火星やその衛星からサンプルを回収するための探査計画が、世界各国によって計画されています。

Q 6-4　探査機が初めて火星に到達したのはいつ頃ですか？

　世界で初めて火星に接近しフライバイした宇宙機は「マリナー4号」(1965年7月)です。火星の表面の画像を送ってきましたが、その表面はクレーターだらけの世界で、生物が生きているようには到底思えませんでした。そ

6章　これからの生命探査

図 6.1　火星を周回する最初の宇宙船マリナー9号が撮影した火星のメラス・カスマの地すべりの画像。
　　　　©NASA/JPL/Arizona State University

の後、「マリナー 9 号」が初めて火星の周回軌道からの観測（1971 年）に成功し、火星表面を 80% カバーする大量の画像を軌道上から送ってきました（図 6.1）。火星に到着した当時は砂嵐がひどく詳細な観測ができませんでしたが、砂嵐が落ち着いた 2 カ月後から火星表面の全体の映像が撮影されました。クレーター、オリンポス山などの火山、川床、マリネリス峡谷、風と水による浸食や堆積などの地形が観測され、火星がそれまで推測されていたよりも多様で活動的であったことが明らかになりました。

Q 6-5　火星の着陸探査はどのくらい行われていますか？

　初の火星への着陸は 1976 年の NASA のバイキング計画によるもので、着陸機「バイキング 1 号・2 号」は、相次いで火星着陸に成功しました。それを追いかけるように、ソ連の「マルス 2 号・3 号」も火星に着陸しています。2 機のバイキングミッションでは、火星の土壌での有機物の探査や栄養

液に反応する生物の探査を試みたのですが、有機物を検出することはできませんでした。しかし、その後火星に生物がいないとすることは早計であると結論付けられました。有機物を検出できなかった理由はバイキング探査機に搭載した有機物検出器の感度が十分でなかったことが明らかになったからです。例えば、地球の砂漠の真ん中や南極の氷の中にも有機物や微生物は存在していますが、バイキング探査機に搭載された検出器では、これらを検出できないことがわかっています。

その後、火星探査が活気を帯びてきたのはマース・パスファインダー計画以降で、この探査機は 1997 年米国の独立記念日に火星のアレス峡谷に着陸し、初めてローバーによる表面走行に成功しました。その後も米国は、多くの探査機（周回機や着陸機）を火星に送り続けています。それらの成果により、かつて火星表面に水が流れた形跡、火星の環境は豊富な水と温暖で湿潤な気候が長期間安定に保たれていたことが明らかになってきました。40 ～ 30 億年前の火星は、地球の環境に似ており、生命が存在していた可能性が高い環境であったようです。

アリゾナ大学が中心となり開発した火星探査機「フェニックス」は、火星に微生物が生息できる過去と現在の環境を調査し、火星の水の歴史を研究するために 2007 年に打ち上げられました。フェニックスは火星の北極付近に着陸し、ロボットアームで地表を掘り、土壌から「白い物質」を見つけました。しかし、その白い物質は数日後には消えてなくなりました。温度と気圧の点から、この物質は水氷の可能性があった、といわれています。

2011 年 11 月には、火星探査機「キュリオシティ（Curiosity）」を搭載したミッション「マーズ・サイエンス・ラボラトリー（Mars Science Laboratory）」が打ち上げられ、2012 年 8 月に火星のゲール・クレーターに着陸しました。キュリオシティは、過去および現在、火星に微生物生命が生息可能な環境であるかどうかを調べました。ゲール・クレーターには古代の淡水湖があり、微生物生命が生息しやすい環境であった可能性がある、と報告されています。

6章　これからの生命探査

Q 6-6　現在計画されている火星探査計画はどのようなものがありますか。

　火星には、周回機だけでなく多くの表面探査機が送られました。2018年には、ディスカバリー計画の一つとして、火星の地下構造について調査する探査機「インサイト（InSight）」が、2020年にはマーズ2020（Mars2020）に加え、日本のHⅡ-Aロケットで打ち上げられたアラブ首長国連邦（UAE）の周回機、他に中国の周回機・探査車も打ち上げられました。

　マーズ2020は、本格的な火星探査ミッションで火星ローバー「パーシビ

図6.2　火星探査機「パーシビアランス」（左）と小型ヘリコプター「インジェニュイティ」（右）。　　　©NASA

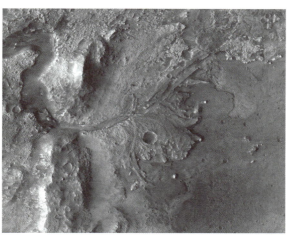

図6.3　パーシビアランスの着陸地のジェゼロ・クレーター。川がつくった三角州の跡が見られる。　　©NASA/JPL-Caltech/MSSS/JHU-APL

アランス（Perseverance）」（図 6.2 左）と小型の火星ヘリコプター「インジェニュイティ（Ingenuity）」（図 6.2 右）から構成されています。パーシビアランスは、キュリオシティよりもより高度な自律性と機動性を有し新しい科学機器やカメラによって、より高解像度の観測ができるように技術が進歩しています。

パーシビアランスは、約 38 億年前には広大な湖があったといわれているジェゼロ・クレーター（直径約 45 km）の盆地の湖に流れ込んだ河川がつくった三角州に着陸しました（図 6.3）。かつて、この湖に生息していた火星生命の痕跡が発見できるとすれば、火星サンプルが帰還する 2031 年ごろとなるでしょう。これが達成されれば同時に、人類による初めての地球外生命の発見となります。

Q 6-7 パーシビアランスとキュリオシティの違いは何でしょうか?

キュリオシティの目標は、火星に着陸し火星の古代の湖底地域で生命の存在可能性を調査することでした。そのために岩や土壌の詳細な分析、気候変動の調査などが行われました。サンプル収集と持ち帰りの能力はもっておらず、現地での分析が主な作業です。

一方、パーシビアランスの主な目的は、火星生命の存在可能性を調査するために、かつて川や湖が存在した可能性があるジェゼロ・クレーター地域を探査することです。岩や土壌を収集し、将来の探査機で地球に持ち帰ることを目指しています。この将来ミッションが成功すれば、より詳細で高精度の分析が可能となります。

ジェゼロ・クレーターには約 35 億年以上前に湖が存在していたと推測され、その湖は一定の期間、生命が存続できた可能性が高いといわれています。もしも生命が誕生していたなら、その痕跡が今も残っている可能性が高いと考えられています。パーシビアランスは、干上がった湖の底の試料を採取し、

保管容器に封入して火星の表面に置いておきます。2023 年 1 月に、岩石試料などを収めた約 20 cm の筒状無菌容器を火星の地面に 10 m 前後の間隔で 10 本並べました。この保管容器を NASA と ESA が計画している火星の表面からのサンプルリターンミッションで回収し、地球の研究施設で分析される予定です。

Q 6-8 パーシビアランスにはどんな装置が載せられていますか?

　パーシビアランスに搭載されている 7 つの科学観測機器は、どの機器も高い先端技術が使われています。ロボットアーム SHERLOC がその一つで、岩石や堆積物の有機化合物の存在、鉱物成分を計測し、その分布を調査します。これらの情報は生命の存在に関する手がかりになり得ます。その他にも、火星の気象や地下に隠れた地層や構造を調べるための様々な装置が搭載されています。複数の新しい技術が火星探査に投入され、これらの技術は確実に新しい科学をもたらすといえます。

Q 6-9 日本の火星衛星探査機 Mars Moon Exploration(MMX)について教えて下さい。

　火星には 2 つの小さな衛星フォボスとダイモスがあります（図 6.4）。MMX は、JAXA 主導の国際ミッションで、フォボスから試料を採集して地球へ持ち帰る探査計画です。2026 年度の打ち上げ、約 1 年後に火星を周回する軌道に入り、1 〜 2 回着陸して表層土壌を採取し、2029 年 9 月に地球帰還することを目指しています。

　MMX はフォボスの周回軌道に移ってから、フォボスの詳細な表面観測を実施し、表面に着陸して表層土壌を着陸ごとに 10 g 以上を採取する予定です。フォボス試料の採集後、もう 1 つの衛星ダイモスをフライバイ観測して

から地球に帰還する計画です。

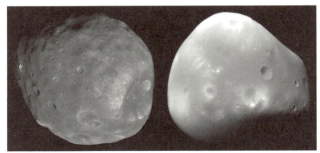

図6.4 火星の衛星フォボス（左）とダイモス（右）。
©NASA/JPL-Caltech/University of Arizona

Q 6-10　MMXの目的は何ですか？

　火星の衛星フォボスとダイモスの形成起源については未だ謎です。主に以下の2つの起源説が議論されています。
　捕獲説：火星と木星軌道の間にある小惑星が火星の重力に捕獲されて衛星になった。
　巨大衝突説：火星の北半球には太陽系最大のクレーター（ボレアレス平原）があることから、北半球に大きな天体が衝突して、その噴出物が火星軌道上で集積して衛星を形成した。
　最近では、月の起源と同様に巨大衝突説が有力です。東京工業大学の玄田英典氏らはコンピューターシミュレーションによって、火星表面に大きな天体が衝突して飛び散った噴出物が火星周辺に円盤を形成、そこから巨大衛星と円盤外縁部に小さな衛星フォボスとダイモスができ、巨大衛星は火星の重力で落下・吸収されることを示しました。
　分光学的観測やサンプルリターンにより、火星・火星衛星の起源とそれらの進化過程を明らかにすることが、MMXミッションの主要な科学的目標で

す。火星衛星表面には、何十億年もの間に火星から飛び散った物質が堆積していると予想されています。フォボスから物質のサンプルリターンが実現されれば、パーシビアランスが採集した火星サンプルよりも早く持ち帰ることになるかも知れません。

　太陽系の中で水・有機物がどのようにして惑星に供給され、生命が誕生するのか、を調査するうえでフォボス探査はよいターゲットとなります。さらにMMXは、将来の有人火星探査で必須となる火星圏への往復技術、天体表層物質のサンプリング技術、深宇宙用の高度な通信技術、などの高度な宇宙技術を獲得することを目指します。フォボスは、将来の有人火星探査の重要な拠点と目されることから、その表面地形、地盤情報、表面環境を、世界で初めて詳細に観測して、将来の火星宇宙ステーション（フォボス）としての利用の可能性も探ります。

Q 6-11　MMXにはどのような観測機器が搭載されるのですか？

　MMXはサンプルの採取・回収装置（CSMP、P-SMP、SRC）に加えて様々な観測機器が搭載され、火星や火星衛星のリモートセンシングとその場観測を実施します。科学ミッション観測機器としてTENGO、OROCH、LIDAR、MIRS、MEGANE、CMDM、MSA、ROVERが挙げられます。加えて、将来の探査技術の獲得を目的とする2つの機器（IREMとSHV）が搭載されます。ここではMEGANE、MIRSとLIDARの観測機器について概略します

　MEGANE（Mars-moon Exploration with GAmma rays and NEutrons）はガンマ線・中性子分光装置で、フォボスの表層物質を構成する元素組成を計測します。ガンマ線と中性子は、フォボスの表面に絶えず降り注いでいる銀河宇宙線と岩石を構成する元素との原子核相互作用の結果として発生します。それらのガンマ線と中性子を測定することで、元素組成が求められます。

この元素組成情報はフォボスの起源、風化過程の調査、試料採集地の背景の情報、試料の採集地点の決定に関する重要な情報を提供します。

　MIRS（MMX InfraRed Spectrometer）は近赤外線観測装置で、フォボスの表面を構成する鉱物の特徴を明らかにします。MIRS は、0.9 〜 3.6 μm の近赤外波長帯での分光観測により、フォボス全球の含水鉱物、水関連物質、有機物分布を計測します。また、これらの情報はサンプリング場所の選定に活用されます。

　LIDAR（Laser Imaging Detection And Ranging）は、フォボスの地形情報を獲得するための測距装置です。探査機の軌道上からパルス状にレーザー光をフォボスに照射して、反射光が返ってくるまでの時間と反射光のエネルギーを計測することで、表面の凸凹、高度、アルベドの分布を計測します。

6.3　火星以外の太陽系内の生命探査

Q 6-12　火星以外に生命が存在する可能性が高い天体はありますか？

　惑星探査機「ガリレオ」や「カッシーニ」などによる外惑星探査の観測が進むことで、木星の衛星エウロパ、土星の衛星エンセラダスなどには地下に海をもつのではないかと考えられています。これら衛星はいずれも氷天体です。氷天体に生命が生息するには、表面の氷地殻の下には液体がなくてはなりません。そのために氷を解かすエネルギー源が必要となります。例えば、潮汐力に伴う摩擦熱やマグマの熱源などが考えられます。また、生命存在の可能性が議論されています。これらの地下海には原始的な微生物が生息可能であることがわかってきたからです。これらの天体には液体の水、有機物、定常的なエネルギーの供給が揃っているとも考えられており、生命探査を期待する声が広がっています。

6章　これからの生命探査

Q 6-13　エンセラダスはどのよう衛星ですか？

　土星の第2衛星であるエンセラダス（Enceladus）は、直径498 kmの大きさで、土星からの距離は約24万km、土星の周りを33時間で公転しています。反射率が極めて高く太陽系の中で最も白い天体といわれています。それは表面が絶えず新しい氷で覆われているからです。生命の可能性をもつ衛星としても知られています。

　エンセラダスの南極付近では地質活動を示すタイガーストライプ（虎縞）と呼ばれるひび割れが見つかっています（図6.5）。このひび割れから噴出する新しい氷によって絶えず表面が塗り替えられていると同時に、微小な氷の粒子や水蒸気、水素分子、その他の揮発性物質、ダスト物質、塩化ナトリウム結晶などが間欠泉のように噴出しています。これは、地下に液体の水が存在して貯水池のような役割を果たしている可能性があることを指しています。このようにエンセラダスの氷地殻の下には、液体の水、すなわち海の存在が強く示唆されています。「ホットスポット」と呼ばれる領域から噴出しているジェットプリュームは、ナトリウム塩やケイ酸塩のみならず、種々の

図6.5　土星の衛星エンセラダスとタイガーストライプ（左）。エンセラダスの南極付近の割れ目から噴き出すプリュームの様子（右）。

©NASA/JPL-Caltech

有機物を含んでいます。

　最近では、プリュームから噴出される海水中に、超高濃度のリン酸が含まれていることが発見されています。ところで、リンはDNAや細胞膜などの材料となる生命にとって重要な元素です。リンが濃集した環境が地球外で発見されたのは初めてで、エンセラダスの地下海では地球と似たような生命が期待されます。

　地下海から噴出するナノサイズのシリカ微粒子（ナノシリカ粒子）は高温の水が岩石と反応することで岩石成分が溶け出し、急冷することで生成されたと考えられています。このことは、高圧熱水実験を実施した研究結果から、シリカ微粒子が生成するためには90℃以上の熱水環境が必要であることが明らかになりました。

Q 6-14　エンセラダスは地下海に生命の存在する可能性が高いって本当ですか？

　エンセラダスの表面は分厚い氷の割れ目からは、間欠的に海水が噴出するプリューム活動が起こるように定常的なエネルギーが供給されているようです。そして氷地殻の下には液体の地下海があり高温の熱水環境になっていて、海水には塩分や有機物が含まれています。Q2-20で述べたように、地球には、ヒトやその周りの動植物や微生物が生育する一般的な環境から逸脱した極限的環境条件でのみ増殖できる微生物（極限環境微生物）がいます。エンセラダスの地下海にも、地球の極限環境微生物から推察されるように、原始的な微生物が生息する可能性は否定できません。

6.4　太陽系外惑星の探査

　太陽系の外側で生命の痕跡を探そうとする取り組みが、地球外生命探査で

6章　これからの生命探査

す。生命がいそうな天体としては、高温で燃焼している恒星は考えにくいため、少なくても惑星やその周りを運動している衛星になるでしょう。太陽系の外側に惑星は存在するのか、その中に生命がいそうな環境はあるのか、といったことは長年の疑問でした。1995 年に初の太陽系外惑星が発見されて以降、これまでに存在が確認された太陽系外惑星は 5000 個を超す数になっています。そうした天体について地球外生命の存在をどうやって見つけるのか、生命を探る方法について色々と議論されてきました。系外惑星を詳細に観測して特徴づける手法や観測技術、大容量のデータ処理は、近年飛躍的に進歩してきました。本節では、太陽系外の惑星探査と生命探査の研究に向けた取り組みについて述べていきます。

Q 6-15　太陽系外惑星って何ですか？

　太陽系外惑星（Extrasolar planet）は、太陽系の外にある恒星の周囲を公転する惑星のことです。太陽系内の外惑星との混同を避けるために、単に系外惑星（Exoplanet）とも呼んでいます。系外惑星の存在は昔から予想はされていましたが、直接観測することはできませんでした。太陽のような恒星の周りを回る系外惑星の存在は 1995 年に初めて発見されました。それは地球から約 50 光年の距離にあるペガスス座 51 番星の近くを回る惑星で、木星質量の約半分のペガスス座 51 番星 b（51 Pegasi b）です。その表面温度は 1000℃を超す灼熱の惑星であることから「ホットジュピター」と呼ばれています。しかし、もっと地球に似たような惑星はないのかな？　という当然の疑問が湧いてきます。

　系外惑星探査の最大の目的は、よくいわれているように、「地球は独りぼっちなのか？」、「宇宙には他に『地球』はないのだろうか？」という人類が長い間抱き続けてきた疑問に答えることでしょう。そこで、「第 2 の地球を探せ」ということで、地球に似た環境となる「ハビタブルな惑星」、つまり恒星か

ら適度な距離の暖かいところ（ハビタブルゾーン）にあり、液体の水が存在し得る環境の惑星を探すことになります。

Q 6-16 系外惑星はどのように探すのですか？

　惑星は恒星とは違って、自ら光らず中心星の光を反射して、かすかな光を出しているのに過ぎません。また、系外惑星はあまりにも遠くあるために非常に暗い天体です。したがって、系外惑星を直接探すにはあまりにも暗すぎることが問題になります。さらに、中心星のすぐ近くを回る惑星の直接撮像は、中心星の強烈な明るさで見えなくなってしまいます。そこで、惑星そのものの姿を画像として捉えるのではなく、系外惑星が中心星に与える影響を間接的に捕らえて惑星の存在を求めます。間接的な方法の中でも最もよく用いられているものは、トランジット法とドップラー法（視線速度法）です。

　はじめに、トランジット法について簡単に紹介します。惑星が恒星（中心星）の前を通過すると、恒星の光がわずかに暗くなります。この周期的な明るさの変化を捉える観測方法がトランジット法で食検出法とも呼ばれています。この際、中心星から地球に到達する光は、惑星のサイズ分だけ「隠される」ことになります（図6.6）。

　この方法による周期的な減光は、惑星の大きさに応じて変動します。たとえば、中心星からの減光率が1%であれば、それに対応する惑星の大きさは中心星の直径の約10%になります。このように、トランジット法を用いることで系外惑星のサイズが求められます。ただし、これらの観測では、惑星と主星が球形、恒星面の明るさが均一、また惑星の運動は円軌道である、と仮定しています。トランジット法の利点は、1度に複数の惑星を同時に観測でき、広範囲にわたって恒星を継続的に監視することで多くの惑星を発見できる点にあります。

　さらに、トランジット法で発見された惑星について、視線速度を測定する

6章 これからの生命探査

と、その惑星の質量が求められます。質量とサイズのデータを得ることで、惑星の密度が算出され、それによって岩石天体か、氷天体か、それともガス天体なのか、を知ることができます。また、惑星が大気をもっている場合、惑星が恒星の前を通過する際、恒星からの

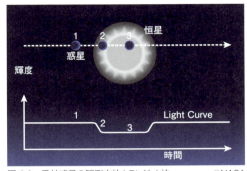

図6.6 系外惑星の観測方法:トランジット法。 ©NASA

光が惑星の上層大気を通過します。この際、恒星からの光スペクトルを高解像度で分析（トランジット分光）すれば、大気成分を特定することができます。このことから、トランジット法は系外惑星の個々の特性を調査するうえで非常に強力な間接的方法といえます。

　次にドップラー法について説明します。ドップラー効果とは、観測者に対して波（音や光など）が近づいたり遠ざかったりする際に、波長が伸びたり縮んだりすることで、違う波長の波が観測される現象です。図6.7に示したように、系外惑星がAの位置にいるとき、中心星はBの位置におり、観測者に対して少し近づいているので光が少し青く（波長が短く）なります。また、惑星がA'にいるときには、中心星はB'に位置し、観測者から少し遠ざかっているので光は赤く（波長が長く）

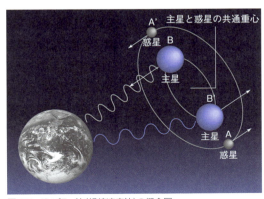

図6.7 ドップラー法（視線速度法）の概念図。

なります。この現象を利用して系外惑星を見つけるのがドップラー法です。系外惑星からの重力が大きいほどドップラー効果は大きくなります。また、光の波長の伸び縮みの周期は、系外惑星が中心星の周りを回る周期で決まります。よって、ドップラー法によって系外惑星を発見した場合、単なる発見にとどまらず、その系外惑星の質量や軌道周期まで推定することができます。

Q 6-17 私たちの銀河（天の川銀河）に系外惑星はどのくらいありますか？

　ケプラー宇宙望遠鏡（後述）の大成功により恒星の周りを回る系外惑星が多数発見されました。現在、系外惑星探査はケプラーから宇宙望遠鏡 TESS（Transiting Exoplanet Survey Satellite）に引き継がれています。系外惑星の数は、2023 年 12 月時点で 5547 個が確認されています。宇宙望遠鏡の観測結果から、全ての恒星が惑星をもっているわけではありませんが、多くの惑星が恒星（中心星）の周りを公転していることが示されました。しかしながら、実際の惑星の数はまだまだ不確定要素が多く、今後の観測や研究によってより正確な数が得られるでしょう。

　天の川銀河にある恒星の数は正確にはわかっていませんが、仮に 2000 億個と仮定すると、G 型星と K 型星を合わせた恒星の数はおよそ 500 億個存在します。そして、そのうちの 22％がハビタブルゾーンにある地球サイズの惑星だそうです。したがって、天の川銀河内に 110 億個存在していることになります。赤色矮星を含めるとその数は 400 億個に上ると見積もられます。この数を見ると地球のような天体は宇宙には沢山あり、生命体もあちこちにいそうな気がしてきます。

コラム 4
恒星のスペクトル分類について

　恒星を分類するのに恒星のスペクトルが用いられています。恒星のスペクトルとは、恒星の表面から放射される光の成分を波長に分解したものです。これには恒星の表面温度、元素組成、などの情報が含まれています。星の放射スペクトルには、連続光成分に加えて星の大気中の成分により特定のスペクトルが吸収され、それらが暗線（吸収線）となって見えます。この吸収スペクトルの種類と強度により、次のような系列の型に分類されます。

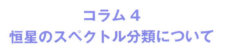

　これはハーバード式の分類といいます。吸収スペクトルの種類は O 型、B 型、A 型、F 型、G 型、K 型、M 型という温度に対応する系列と、R 型、N 型、S 型の化学組成の違いに対応系列があります（表参照）。それらの型はさらに 10 分割して 0 〜 9 の数を付記します。0 が最も高温で、9 が最も低温であることを示します。例えば、太陽は G 型主系列星のひとつであり、スペクトル分類は G2 に分類されます。G 型星の中心（核）では水素の核融合反応が起きています。太陽の 0.84 〜 1.15 倍の質量をもち、表面温度は 5300 〜 6000 K の間にあります。太陽系の近傍にある G 型主系列としてはケンタウルス座 α 星 A があります。スペクトル型は太陽と同じ G2 型です。

　M 型星は非常に低温で小さな星で、その質量は太陽の 0.1 〜 0.5 倍程度です。天の川銀河の中で最も多く存在している恒星です。太陽系の近くにある恒星のうち約 76% が M 型の星です。

恒星のスペクトル型と表面温度

スペクトル型	表面温度（K）	色
O	30000〜50000	青
B	10000〜30000	青
A	7500〜10000	青白
F	6000〜7500	白
G	5300〜6000	黄
K	4000〜5300	燈
M	3000〜4000	赤

※Kは絶対温度。(0 K=−273.15℃)

Q 6-18 系外惑星の中で、地球環境に近い天体はどのくらいありますか?

　昔に比べ観測技術が進歩し宇宙の広さが実感されるようになりました。地球環境に似た天体が宇宙のどこかにあるだろうと思えます。残念ながら、私たちは地球以外に生命の住める天体にはまだ遭遇していません。確かに今のところ地球は唯一無二の存在であることは間違いではなく、太陽系内には地球のように豊かな水と大気のある環境はどこにも見当たりません。地球は稀有な存在で奇跡的に生まれた存在のように思えます。しかしながら、次々と系外惑星が発見され、地球に似た岩石惑星も数十個も報告されていることから、本当に地球に似た惑星が近いうちに見つかるように思えてきます。

　地球環境に近い系外惑星はハビタブルゾーン内の惑星で、恒星（中心星）からの距離が適切な範囲にあって、適切な温度でしかも放射線量も高すぎず液体の水が存在する領域にあるといえます。これらの惑星は主にケイ酸塩岩や金属で構成されていると推測されます。地球環境に近い可能性がある系外惑星はいくつか発見されていますが、その数はまだ限られています。しかしながら、地球環境に近い惑星だとしても、生命の生存に適切な条件を満たしているのかどうかは、今後の詳細な観測や解析が必要です。

　これらの惑星の中で、地球環境に近いとされるものとしては、ケプラー452b、プロキシマ・ケンタウリ b、トロワンス -1d、LHS 1140 b、トラピスト -1（TRAPPIST-1）、K2-18b などが挙げられます。例えば、プロキシマ・ケンタウリ b は、太陽系に最も近い系外惑星で、地球からの距離は約 4.2 光年で、質量は地球の 1.17 倍です。恒星プロキシマ・ケンタウリの周りを公転する惑星で、ハビタブルゾーン内に位置している可能性があるとされていましたが、最近になって自転と公転が同期する潮汐ロックが起こっている可能性が指摘されています。そうなると極端な気候につながり居住可能な領域から外れてくると思われます。より詳細な観測と研究が必要といえます。

　ここで、最近発見された地球型惑星ウォルフ 1069b についても紹介して

おきます。この系外惑星は、2023年にマックスプランク天文学研究所の研究チームにより発見され、はくちょう座の方向、約31.2光年離れた位置に存在しています。半径は地球の約1.08倍、質量は地球の約1.26倍、公転周期は約15.6日、主星までの距離は約1000万km（1/15 au）です。主星はウォルフ1069で赤色矮星です。その質量は、太陽質量の0.17倍、半径は太陽半径0.18倍、表面温度は3158 K、自転周期は150〜170日です。ウォルフ1069bが大気をもたない場合の表面の平衡温度＊は平均−23℃となり、地球のように大気があると表面温度は平均13℃になると考えられています。このように大気と水蒸気が潤沢に存在すれば地球と同様に暖かい温度である可能性はあります。しかしながら、ウォルフ1069bは主星から近い位置を公転しているため、プロキシマ・ケンタウリbと同じように、潮汐ロックがされている可能性が高いといわれています。となると、昼と夜の温度は灼熱と極寒の世界となり、生命が生きていくには余りにも過酷であると示唆されます。

＊：大気の存在を考慮せずに主星から受け取るエネルギーと惑星から放射されるエネルギーだけを考慮した温度。

Q 6-19 系外惑星衛星の探査について教えてください。

　系外惑星探査や系外生命体の探索を目指すための主なミッションやプロジェクトは、宇宙機関や研究機関によって計画・実施され、系外惑星の詳細を次第に明らかにしつつあります。代表的なものとして、トランジット観測が主のケプラー衛星、TESS衛星、可視光から赤外線観測を主とする大型宇宙望遠鏡のハッブル宇宙望遠鏡、ジェイムズ・ウェップ宇宙望遠鏡、スピッツァー宇宙望遠鏡などがあります。

　ここでは、系外惑星探査衛星として、ケプラー衛星とTESS衛星を取り上げます。

Q 6-20 KEPLERはどんな望遠鏡ですか？

2009年に打ち上げられたケプラー宇宙望遠鏡（Kepler Space Telescope）は、太陽周回軌道で9年半運用されました（図6.8）。ケプラー宇宙望遠鏡は、シュミット望遠鏡を搭載し主鏡の直径が1.4 m、視野（FOV）は115平方度（直径約12度）です。これは腕を伸ばして握った拳のサイズとほぼ同じぐらいだそうです。この視野を2200×4200画素のCCD素子42枚で合計画素数は94.6メガピクセルで測光します。はくちょう座の方向にある約10万個の恒星を連続的にモニターし、トランジット法を利用して多くの系外惑星を発見しました。

図6.8 系外惑星探査衛星Keplerの想像図。 ©NASA

Q 6-21 KEPLERの観測成果を教えてください。

ケプラー宇宙望遠鏡は打ち上げ後わずか1年で、最初の系外惑星ホットジュピターを発見しました。2011年1月には地球のように岩石惑星の系外惑星が見つかりました。さらに、「ハビタブルゾーン」の中にある惑星があ

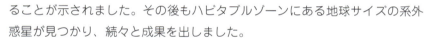

ることが示されました。その後もハビタブルゾーンにある地球サイズの系外惑星が見つかり、続々と成果を出しました。

ケプラーは9年半の運用期間に多くの惑星を発見しました。最終的には、50万個以上の恒星を観測し、2600個以上の太陽系外惑星を発見しました。全ての恒星から惑星が見つかるわけではありませんが、かなりの確率で惑星が見つかることがわかりました。

この観測結果から、天の川銀河には多くの惑星が存在することがわかり、惑星に対する認識は大きく変わりました。夜空に見える星の中で、地球と同じように岩石が主体で、地球に近い大きさをもち、なおかつハビタブルゾーンの中にある惑星が存在することも示されました。

ケプラーによる系外惑星の探査は、トランジェット系外惑星探査衛星TESSに引き継がれています。

Q 6-22 系外惑星探査衛星TESSについて教えてください。

大型の宇宙望遠鏡TESS（図6.9）はNASAのエクスプローラー計画の一つで、2018年4月18日に打ち上げられました。ケプラー宇宙望遠鏡の400倍の面積をもち、同じくトランジット法を用いて系外惑星を探索します。ケプラーは、はくちょう座の方向の狭い範囲を集中して観測し、全天の0.25％の範囲の視野しか観測していません。それに対してTESSは、全天の85％の広い視野で近傍の恒星を観測します。太陽系から半径300光年以内にある恒星を観測し、惑星の大きさとしては、地球サイズから2倍程度以下の直径の惑星を発見することに力を注いでいます。

太陽系の惑星系は標準的な惑星ではないのかもしれませんが、今後多くの系外惑星が見つかっていけば、生命が存在している惑星が見つかるかもしれません。生命を検出する方法として、惑星大気の成分を調べる手法があります。地球と同様な環境の惑星であれば、酸素ガスを大量に含んでおり、地球

と同様に緑色植物が生育しているかもしれません。こうした大気成分の検出は、生命の発見に大きく近づくことになります。現在の望遠鏡の観測技術では十分ではありませんが、今後の技術革新により可能になるでしょう。

　TESS衛星はジェイムズ・ウェッブ宇宙望遠鏡（JWST）の先駆けとして位置付けられています。ケプラーで見つかった惑星系は遠すぎて、恒星も暗すぎて詳細な観測をするのが難しいため、TESS衛星で近くにある地球に似た惑星を探し、特に興味深い惑星の優先順位付けをしています。地上の望遠鏡やJWSTがその強力な観測性能をもって順位の高い惑星の大気を凝視し、生命が存在する証拠を探し出していきます。

図6.9　系外惑星探査衛星TESSの想像図。　　©NASA's GSFC

コラム5　Habitable Exoplanets Catalog

　これまで観測された居住可能な太陽系外惑星がカタログ化されています。定期的にその観測結果は更新され、過去10年間に地上と宇宙の望遠鏡によって発見された居住可能な惑星のデータベースです。このデータはNASAの太陽系外惑星アーカイブから提供されたもので、地球半径2.5倍または地球質量10倍までの系外惑星について、恒星のハビタブルゾーン内を周回する惑星が網羅されています。そこには、地球半径1.6倍または地球質量3倍までの天体で岩石質惑星の可能性が高いものも含まれています。

URL：https://phl.upr.edu/projects/habitable-exoplanets-catalog

6章　これからの生命探査

Q 6-23 これまでの宇宙望遠鏡にはどのようなものがありましたか？

　遠い宇宙を観測するためには、可視光だけでなく赤外線領域の電磁波を観測しなければなりません。遠い宇宙は波長が伸びているために近赤外線だけでなく中赤外線や遠赤外線を観測が重要です。可視光から赤外線領域を捉えるこれまでの大型宇宙望遠鏡としては、ハッブル宇宙望遠鏡（HST）、スピッツアー宇宙望遠鏡（SST）、ジェイムズ・ウェッブ宇宙望遠鏡（JWST）が挙げられます。

　HST の観測波長域は 0.1 ～ 2.5 μm で、100 億光年の銀河を観測する望遠鏡で、1990 年から現在まで運用が続けられています。、SST は中赤外線から遠赤外線の観測（3.6 ～ 160 μm）で 16 年間使われ 2020 年に退役しました。JWST は近赤外線領域を超えて観測（0.6 ～ 28 μm）でき、より一層遠方の深宇宙・135 億光年の彼方の誕生間もない星や銀河を観測できます。また SST より 1000 倍も強力な望遠鏡なので多くの成果が期待できます。

Q 6-24 ジェイムズ・ウェッブ宇宙望遠鏡（JWST）の特徴について教えてください。

　JWST は、驚異的な大きさと優れた性能を兼ね備えた望遠鏡で、HST の後継機です。JWST の主要なミッションは、宇宙最初の星や銀河の形成、太陽系外惑星の環境の詳細観測、生命の起源などの解明を目指す宇宙天文台です。

　JWST の特徴は、これまでの HST や SST に比べると優れた解像度と感度、そして観測波長の広さにあります。JWST の波長域は近赤外線を含み中赤外から遠赤外領域のかなりの広範囲をカバーしています。また、JWST の反射鏡主鏡口径約 6.5 m です。HST の口径 2.4 m なので、面積は 7 倍以上に拡大されていることから、HST をしのぐ高い観測性能をもつことがわかります。

JWSTは非常に微弱な赤外線を受信できるようにするために、望遠鏡本体を極めて低温に保つ必要があり、太陽の影響を低減する「サンシールド」が取り付けられています。JWSTは、2020年まで運用されていたSSTと比べて、同じ波長での解像度が約7倍、感度も10以上向上しており、天体からの赤外線をはるかに鮮明に観測できるようになりました。また広い波長範囲により、宇宙初期に生まれた星や銀河、太陽系内外の天体を探索できます。

JWSTは大型化されたにもかかわらず大幅に軽量化されていて、JWSTの質量6.2トンに対して、HSTは約11トンで約2倍です。各セグメント鏡は高感度のマイクロモーターと波面センサーによって正確な位置に設定され、優れた解像度が得られるようになりました。

JWSTは地球から約160万km離れたL2（第2ラグランジュ点）という場所で観測を続けています。その距離は月の公転軌道よりも外側で、約4倍も遠いところで、太陽や地球からの光を遮蔽して極低温で観測を行うための適切な場所といえます。

Q 6-25 JWSTの観測機器について教えてください。

JWSTの望遠鏡部分は主鏡、副鏡、観測機器モジュールから構成されています。主鏡は軽元素ベリリウムの平板に金のコーティングを施した18枚の6角形セグメントで構成されています。副鏡は直径74 cmの円形の鏡で、3本柱で主鏡背面を支持して、光学望遠鏡系（OTE=Optical Telescope Element）の一部となっています。主鏡は宇宙からの光を捉えるレンズの働きをし、副鏡を通じて光を網膜に相当する観測機器モジュールに伝送します。

JWSTには以下の4種類の超高感度観測機器が搭載されています。

近赤外カメラ（Near Infrared Camera；NIRCAM）：可視光線の端0.6μmから近赤外線5μmの範囲を観測。

近赤外分光装置（Near Infrared Spectrograph；NIRSPEC）：NIRCam

と同じ波長範囲の分光分析をする装置。

中間赤外装置（Mid-Infrared Instrument；MIRI）：波長 5〜28 μm 範囲の中・長赤外線領域を観測する装置。

精密ガイド装置と近赤外撮像・スリットレス分光装置（Fine Guidance Sensor/Near-Infrared Imager and Slitless Spectrograph；FGS/NIRISS）：観測／撮影を安定化するための装置。

JWST はこれまでの望遠鏡よりも遠くの宇宙が観測できるようになり、ビッグバン直後に生まれた初代星（ファーストスター）を探索しています。初期宇宙の恒星の星内核合成で、生命を構成している炭素、窒素、酸素、リン、硫黄といった重元素がつくられたとされていますが、その痕跡を探る計画です。もう一つの大きな惑星探査の目標は、惑星の大気を精密に調査して、系外惑星の生命を探査することです。

望遠鏡（図 6.10）の下部のシールド膜は太陽光を遮断して、望遠鏡本体の熱は冷たい宇宙空間に放熱して −269℃（4K）に保ち、微弱な赤外線信号を捕らえます。このような極低温にすることで、観測しようとする赤外線

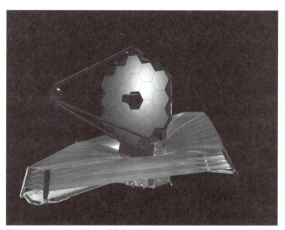

図 6.10　ジェイムズ・ウェッブ宇宙望遠鏡。　　　　©NASA

図 6.11　カリーナ星雲の一部の画像。左がHST、右がJWSTによって撮影。
©NASA/ESA/The Hubble Heritage Team(STScI/AURA)/CSA

の波長域において望遠鏡本体からの放射雑音を削減することで、望遠鏡の性能が向上し、非常に遠くからの微弱な赤外線信号が捉えることができます（図6.11）。

　例えば、初代星からの光は赤方偏移により波長が引き延ばされて赤外線に変化するので、赤外線域で捜索・観測しなければなりません。また、前例のない高感度・高分解能の赤外観測によって系外惑星を観測することで、素晴らしい発見が得られるかもしれません。

6.5　系外生命探査について

Q 6-26　系外惑星の生命体の存在をどのように調べようとしているのですか？

　系外惑星の生命体の存在を調べるためには、主に以下の方法や手段が考えられています。

　①**大気中の生命関連分子の検出**：系外惑星を観測することで、その大気中

の生命の存在を示唆する特徴的な分子を検出しようとする試みです。惑星の大気中に特定の分子が存在する場合、それが生命活動の兆候である可能性があります。たとえば、酸素、メタン、二酸化炭素などは、地球上の生命と関連が深い気体です。特定の分子が惑星の大気中に検出されれば、それは生命の存在を示唆する指標となります。

② 液体の水の存在：生命が存在するためには、水が液体の状態で存在することが重要です。ハビタブルゾーン内に位置している惑星で、液体の水が存在する可能性を調査する手段が検討されています。例えば、惑星の大気や地表に関する観測情報から水の存在を推定する試みや、その特性や大気組成を調査することで、生命存在の可能性を評価する試みが行われています。

③ 生命に関連する化学反応の検出：生命活動によって引き起こされる化学反応が、惑星の大気や地表で観測される可能性があります。これらの特異的な化学反応の存在を探すことで、生命の存在を推測する試みが行われています。

④ 電波や光のサインの探査：地球外の知的生命体が発信する可能性のある電波などの電磁波の信号を探す試みも行われ、これによって、他の文明からの通信や活動の痕跡を検出しようとする取り組みが成されています。

これらのアプローチは系外生命の存在を確認するための一環として広く研究されています。ただし、現在のところ確実な系外生命の証拠は得られていない状況です。

Q 6-27 トラピスト-1系やケプラー-22系などが 生命の存在確率が高い理由は何ですか？

トラピスト -1 系（TRAPPIST-1f、TRAPPIST-1d）やケプラー 22b、ケプラー 1649c のような惑星が生命の存在確率が高いと考えられる理由は、いくつかあります。しかし、その詳細な確率はまだ科学的に確定されている

わけではありません。

①**ハビタブルゾーン内に位置している**：生命の存在にとって液体の水が存在することは重要な要素です。トラピスト -1 系やケプラー 22 系の惑星は、恒星から適切な距離に位置しており、液体の水が存在しやすいハビタブルゾーン内にあるとされています。

②**複数のハビタブル惑星が存在**：トラピスト -1 系は 7 つの地球サイズの惑星からなる系で、そのうち 3 〜 7 つがハビタブルゾーン内に位置しています。複数のハビタブル惑星が存在することは、生命の存在確率を高くなります。

③**地球に似た特性**：これらの惑星系の中の一部の惑星は、地球に似た質量やサイズをもつとされています。地球に類似した惑星は、地球上の生命に似た生命体が存在する可能性が高くなります。

④**大気中の水蒸気や気体の存在**：トラピスト -1 系などの惑星の中には、生命と関連が深いとされる水蒸気やメタンなどの気体が検出されている可能性があります。もし、それらの気体の存在が明らかにされれば生命存在の可能性が高くなります。

Q 6-28 トラピスト-1はどんな星ですか?

みずがめ座の方向約 41 光年の距離にあるトラピスト -1 は、直径；太陽の約 12％、質量；太陽の約 9％、表面温度；約 2570 K、の小さな超低温赤色矮星です。地上のすばる望遠鏡やスピッツァー宇宙望遠鏡などの観測により少なくとも 7 つの系外惑星が発見されています（図 6.12）。

トラピスト -1 の全ての惑星が太陽系の水星の軌道よりも内側にあります。ハビタブルゾーンの中にある惑星が、必ずしも生命が生存できる環境とはいえませんが、惑星の公転軌道面は中心星の自転軸に対してほぼ垂直であり、地球に似た環境の系外惑星でこうした関係が示されたのは初めてです。7 つ

6章　これからの生命探査

の惑星の平均密度は地球と比べて約8％低く、地球とは異なる組成をもつとみられています。その理由としては、核（コア）サイズが比較的小さいか、鉄が酸素と結びついた酸化鉄として存在するために平均密度が低いか、水が地球よりも高い比率で存在する、などの可能性が考えられています。

図 6.12　トラピスト-1の7惑星（上段）と太陽系の4つの岩石惑星（下段）の比較表。数値と（単位）は、上から公転周期（日）、主星からの距離（天文単位）、半径（日）、質量・平均密度・表面重力（地球を1とした場合の比率）の順。　©NASA/JPL-Caltech

　トラピスト-1の7つの惑星のうち3つ（図6.12e, f, g）は水が液体で存在できるハビタブルゾーンにある岩石惑星であるといわれており、生命誕生に適しているという点で注目されています。さらに、この天体は太陽系に近いので、惑星の大気が調べられ、生物の存在が間接的な証拠として示せるかもしれない、といわれています。JWSTの観測対象として、系外惑星の生命居住可能性に迫るために、その内側から4番目の系外惑星トラピスト-1eがもつ大気の兆候を調査する予定だそうです。
　中心星が赤色矮星の場合は、表面の爆発現象であるフレアが活発です。そうなると、表面の水は分解されて宇宙空間に逸散してしまい、干からびた状態になる可能性が高いといえます。

Q 6-29 ケプラー1649cについて教えてください。

　ケプラー1649cは、はくちょう座の方向約300光年先にある小さな赤色矮星ケプラー1649（M5V型）のハビタブルゾーン内を回っている系外惑星です。その直径は地球の約1.06倍で、地球と同じく岩石天体で地球型惑星と考えられています。中心星の周りを約19.5日周期で公転し、中心星から受ける光量は太陽から受ける地球の75％です。平衡温度は－59～－19℃と推定されており、これは地球の平衡温度（－18℃）に近い値です。もしも、ケプラー1649cに大気があれば、温室効果によって適度な気温が保たれ、表面に液体の水が存在するような環境として予想されることから、地球の温度に似ているかもしれません。

　このようにケプラー1649cは、ケプラー宇宙望遠鏡が発見した太陽系外惑星の中で、大きさも推定温度も地球に一番近い系外惑星といえます（図6.13）。

図6.13　地球（左）とケプラー1649c（右、想像図）のサイズ比較図。直径の差は1割にも満たず、ほとんど同じ大きさとみられている。
　　　　　　　　　　　　　　　　　　　©NASA/Ames Research Center/Daniel Rutter

しかし、前にも述べたように赤色矮星は表面に生起するフレア爆発現象が活発であることから、大気逸散の問題があります。大気の組成やその厚さは、表面にある液体の水を維持させるのに重要な役割を果たすとともに、惑星の気温や気候を大きく左右することから、ケプラー 1649c の大気の有無や組成などはまだ判明していないので、地球環境に似ているとはいいきれませんし、この表面が生命体に適したものかはまだわからにようです。

Q 6-30 生命にとって赤色矮星と太陽のような恒星ではどちらがよい環境の惑星が生まれるのでしょうか?

最初の生命が誕生したのは約 40 億年前です。生命を生んだ海は、様々な元素が溶け込んだ原始スープの中で、細菌のような原核生物が誕生したと考えられています。しかし、複雑な体の仕組みをもつ多細胞生物が生まれたのは、ほんの 6 億年前です。地球の誕生から実に 40 億年もかかっているのです。

私たちが生き物としてイメージするような生物は、細菌のようなものではなく、もっと進化した多細胞生物だと思います。そのような生物を他の惑星に求めるのであれば、惑星の年齢が地球と同じくらいかそれ以上であることが一つの目安となるでしょう。系外惑星の年齢を直接調べられないので、恒星の年齢が目安となります。したがって、赤色矮星のような赤く暗い超低温星の方が、寿命が長いので生命体の進化には有利かもしれません。

ハビタブルゾーンの系外惑星の探索で注目されているものは、主系列星の中でも太陽のような G 型ではなく小さな M 型星です。M 型星の表面温度は 3000K 前後で、水素の核融合反応の速度が遅いために星の寿命が長いです。また、トランジット法やドップラー法のいずれも小さな地球型の惑星を検出するうえで有利です。トラピスト -1 を周回する 7 つの地球型惑星、系外惑星プロキシマ・ケンタウリ b の主星は、いずれも M 型星です。

G 型、M 型、K 型の星の表面では、不定期に爆発的なフレアが発生します。フレアでは大量の高エネルギー粒子、硬 X 線放射、ガンマ線などの放射線が

放射されます。太陽フレアの場合には、地球上や人工衛星などに甚大な被害を及ぼします。K型星やM型星のフレアの平均発生頻度は、G型星に比べ10倍程度高いといわれています。そのために、生物の発生や生育には不利な環境といえます。

Q 6-31 系外惑星は主星の大きさだけでなく惑星の大きさも重要ですか？

　質量の軽い惑星は重力が十分ではなく、大気を長期間保持しておくことができないので、次第に大気は宇宙に逸散してします。また、小さな惑星には磁場をもつ可能性が低いと考えられます。磁場のない天体では、主星からのプラズマの風や宇宙線が侵入してくるのを防ぐことができません。

　現在の地球の全球平均気温は約15℃ですが、もしも大気による温室効果がないとしたら−18℃になります。系外惑星にこのような温室効果ガスが存在しているかどうかわかりませんが、大気の存在とその成分は生命にとって重要です。また、地球のように岩石質の惑星であると生命体が存在するのに有利であるといわれています。

6.6　深宇宙の新しい探査機 ● ● ● ● ● ● ● ● ● ● ● ● ● ● ● ●

　ロケット技術、材料科学、観測技術、データ処理技術の進展に伴って、探査機や観測機器は大きく進化してきたことで新たな発見と知見が得られ、天文学・宇宙物理学・惑星科学は目覚しい進歩を遂げています、今後もますます進展していくことでしょう。

6章　これからの生命探査

 太陽系外惑星へ探査機を送って
直接観測できませんか？

　太陽系に最も近い恒星の惑星（系外惑星）である「プロキシマ・ケンタウリ b」まで到達するには、現在利用されているロケットを使うとどのくらいの年月がかかるのかを考えてみましょう。

　太陽系に最も近い恒星系は、約 4.3 光年しか離れていないケンタウルス座 α 星系の三重連星（ケンタウルス座 α 星 A、ケンタウルス座 α 星 B、そして暗く小さい赤色矮星プロキシマ・ケンタウリ）です。プロキシマ・ケンタウリは暗いので肉眼では見えませんが、この三重連星の中で太陽系に最も近い星です。このプロキシマ・ケンタウリのハビタブルゾーン内を回る系外惑星プロキシマ・ケンタウリ b が 2016 年に発見されました。

　プロキシマ・ケンタウリ b までの距離は約 40 兆 km ですので、新幹線のスピード（時速 300 km）だとすると、1520 万年もかかります。では、人類がもつ最速の乗り物ロケットでは、どのくらいかかるでしょうか。ロケットは時速 40,000 km（第 2 宇宙速度；11.2 km/s）です。1 時間で地球を 1 周できますが、ケンタウルス座 α 星までは 11.5 万年かかります。さらに、地球と太陽の重力を振り切るために必要な速度である第 3 宇宙速度は 16.7 km/s です。ロケットでの打ち上げや探査機のエンジンでの加速だけでは不十分であるため、スイングバイ航法を繰り返し用いてロケットを加速して、最速 20 km/s で航行するとしても約 6.5 万年という気の遠くなるような長い年月がかかります。

コラム6
ブレイクスルー・スターショット

「ブレイクスルー・スターショット」とは、「ケンタウルス座 α 星系」に超小型宇宙機を送り込むという恒星間宇宙航行に挑戦するプロジェクトです。この計画はスティーブン・ホーキング博士らが提案したもので、反射率の高い大きなソーラーセイル*を広げた宇宙船が、地球から発射する強力なレーザーで加速**して、約20年で目的地に到達しようとするものです。しかし、目的地の近くに着いても一瞬に通り過ぎてしまい、その間に写真を撮影しデータを収集して地球に送信しなければなりません。そこで、宇宙船がケンタウルス座 α 星系に近づいたら帆の向きを変えてケンタウルス座 α 星からの光子を利用して宇宙船に光圧ブレーキを掛け、ケンタウルス座 α A星とB星の重力を利用してプロキシマに向かい系外惑星ケンタウリbに近づき観測して、地球にその画像を送信します。この計画を実現するための技術的課題は、①大出力レーザーを宇宙船まで正確に照射する技術が必要。レーザー光が地球大気を通過すると照準に誤差が生ずるので、大気補正をする技術を習得、複数のレーザー光の束を収束させる技術が必要不可欠。②ソーラーセイルはレーザー光を99％以上反射できそうなので、レーザー光のエネルギーで溶けたり変形したりして帆が損傷しない物質の開発が必要です。目覚ましい材料科学の進展が必要ですが、実現すれば極薄の帆による軽量化につながります。

*：ソーラーセイルは反射率が高い極薄の材料からなる。太陽光がソーラーセイルの表面で反射するときに光圧が伝えられ探査機の推進力となります。ソーラーセイル実証機 IKAROS（JAXA）では、史上初の太陽帆航行が確認。

**：強力なレーザー光を利用することで太陽光の〜100万倍の光圧が得られます。光速の20％にまで加速させ約20年でケンタウルス座 α 星系に到達。

参考文献

【1章】●●

サントリーのエコ活，水大辞典，氷・水・水蒸気…水の三態
　　https://www.suntory.co.jp/eco/teigen/jiten/science/01/ （参照 2024.6）
サントリーのエコ活，水大辞典，出ていく水ととりこむ水
　　https://www.suntory.co.jp/eco/teigen/jiten/science/10/ （参照 2024.6）
水の話 〜化学の鉄人小林映章が「水」を斬る!〜 1章　水の構造と性質
　　https://www.con-pro.net/readings/water/doc0011.html （参照 2024.6）
国土交通省水管理・国土保全局水資源部，令和5年版　日本の水資源の現況について
　　https://www.mlit.go.jp/mizukokudo/mizsei/mizukokudo_mizsei_fr2_000050.html
　　（参照 2024.6）
経済産業省資源エネルギー庁，「水素エネルギー」は何がどのようにすごいのか？
　　https://www.enecho.meti.go.jp/about/special/johoteikyo/suiso.html （参照 2024.6）
りかちゃんのサブノート＞イオン＞電気分解＞水の電気分解（参考）
　　http://www.max.hi-ho.ne.jp/lylle/ion5.html （参照 2024.6）
自然科学研究機構　第15回自然科学研究機構シンポジウム「アストロバイオロジー（宇宙における生命）—天文・地球・生物・物理・化学の最前線研究者が熱く語る—」
　　https://www.nins.jp/event/15_qa.html （参照 2024.6）
子供科学のwebサイト，空が青いのはどうして？
　　https://www.kodomonokagaku.com/read/hatena/5099/ （参照 2024.6）
文部科学省資料3-2　地球上の生命を育む水のすばらしさの更なる認識と新たな発見を目指して，
　　第1章　水の性質と役割
　　https://www.mext.go.jp/b_menu/shingi/gijyutu/gijyutu0/shiryo/attach/1331537.htm
　　（参照 2024.6）
Chemical Reaction Between Metallic Iron and a Limited Water Supply Under Pressure:
　　Implications for Water Behavior at the Core-Mantle Boundary
　　https://agupubs.onlinelibrary.wiley.com/doi/10.1029/2020GL089616 （参照 2024.6）
地球惑星システム科学講座，田辺研究室，大気中酸素濃度の上昇史とそのメカニズムの解明
　　https://park.itc.u-tokyo.ac.jp/tajika/research/Atmospheric-concentration-of-Oxygen/ （参照
　　2024.6）
HugKum，海が青いのはどうして？青く見える仕組みと海に関するマメ知識も【親子でプチ科学】
　　https://hugkum.sho.jp/164989 （参照 2024.6）
WONSER！SCHOOL，海が青い理由は？青く見える仕組みと青くない海がある理由
　　https://thewonder.it/article/726/description/ （参照 2024.6）
logmiBiz，空が青く見えるのはなぜ？　人間だけが持つ意外な理由
　　https://logmi.jp/business/articles/162975 （参照 2024.6）
サイエンスストック，極性分子と無極性分子の考え方
　　https://science-stock.com/polarity/ （参照 2024.6）

M. Nishi, Y. Kuwayama, T. Hatakeyama, et al., "Chemical reaction between metallic iron and a limited water supply under pressure: implications for water behavior at the core‐mantle boundary", *Geophysical Research Letters*, **47** (19), (2020) 2020, e2020GL089616, DOI：10.1029/2020GL089616.

S. Tagawa, N. Sakamoto, K. Hirose, et al., "Experimental evidence for hydrogen incorporation into Earth's core", Nature communications (2021)

阿部勲夫，"水電解法による水素製造とそのコスト"，水素エネルギーシステム（33）1（2008）19-26.

田近英一，"地球史における大気酸素濃度の変遷と生物進化"，Medical Gases，特別講演 24（1）：1-6.

田近英一著『凍った地球−スノーボールアースと生命進化の物語−』，新潮選書，新潮社，2009.

【2章】

Graduate School of Science and Faculty of Science Tohoku University, Soot may have killed off the dinosaurs and ammonites, 2024-06 [online]
　　https://www.sci.tohoku.ac.jp/english/news/20160715-7974.html

清川昌一・伊藤隆・池原実・尾上哲治著『地球全史スーパー年表』，岩波書店，2014.

地球惑星システム科学講座，田辺研究室，大気中酸素濃度の上昇史とそのメカニズムの解明
　　https://park.itc.u-tokyo.ac.jp/tajika/research/Atmospheric-concentration-of-Oxygen/（参照2024.6）

国立研究開発法人海洋研究開発機構，コラム深海にあるもうひとつの生態系と海底の下にすむ強者たち
　　https://www.jamstec.go.jp/sp2/column/01/（参照2024.6）

国立研究開発法人海洋研究開発機構，プレスリリース，栄養を供給してくれる微生物を自分の細胞内に維持できるメカニズムを解明〜深海に住む貝が何も食べずになぜ生きていける？〜
　　https://www.jamstec.go.jp/j/about/press_release/20230824/（参照2024.7）

SNOWNOTES，食，微生物の分類と種類一覧：微生物にはどんな種類があるのか？
　　https://snownotes.org/types-of-microorganisms/（参照2024.6）

日本天文学会，天文学辞典，ハビタブルゾーン
　　https://astro-dic.jp/habitable-zone/（参照2024.6）

HugKum，生態系とは何?食物連鎖との関わりや生態系の破壊についても知ろう【親子で学ぶ環境問題】
　　https://hugkum.sho.jp/200526（参照2024.6）

東京都水道局，水源・水質
　　https://www.waterworks.metro.tokyo.lg.jp/suigen/topic/21.html（参照2024.6）

東北大学大学院理学研究科・理学部，太陽系形成より古い有機分子を炭素質隕石から検出〜ただ古いだけじゃない!太陽系に存在する有機物生成に不可欠な分子〜
　　https://www.sci.tohoku.ac.jp/news/20201208-11331.html（参照2024.6）

掛川 武："グリーンランドで発見された最古の生物活動の痕跡" Isotope News，2014，7月号，No.723, p.12-15.

宮本英昭・橘 省吾・平田 成・杉田精司編『惑星地質学』東京大学出版会，2008．
井田 茂・渡部潤一・佐々木晶編『シリーズ現代の天文学9　太陽系と惑星』，日本評論社，2008．
丸山茂徳著『NHK カルチャーラジオ 科学と人間地球と生命の46億年の歴史』，NHK出版，2016．
丸山重徳著『最新 地球と生命の誕生と進化―「全地球史アトラス」ガイドブック』，清水書院，2020．
小林憲正著『宇宙から見た生命史』，筑摩書房，2016．
長沼 毅・井田 茂著『地球外生命―われわれは孤独か』，岩波新書，岩波書店，2014．
長谷部信行・桜井邦朋編『早稲田大学理工研叢書シリーズ 人類の夢を育む天体「月」』，恒星社厚生閣，2013．
小林憲正著『地球外生命−アストロバイオロジーで探る生命の起源と未来−』，中公新書，中央公論新社，2021．
小林憲正著『宇宙から見た生命史』，筑摩書房，2016．
田近英一，"地球史における大気酸素濃度の変遷と生物進化"，Medical Gases，特別講演 24（1）: 1-6．
田近英一著『凍った地球―スノーボールアースと生命進化の物語―』，新潮選書，新潮社，2009．
K. A. Kvenvolden, J. Lawless, K. Pering, et al., "Evidence for extraterrestrial amino-acids and hydrocarbons in the Murchison meteorites", *Nature*, **228**, 923-926 (1970).
P. R. Heck, J. Greer, L. Kööp, et al., "Lifetimes of interstellar dust from cosmic ray exposure ages of presolar silicon carbide", *PNAS*, 117(4), 1884-1889 (2020). https://doi.org/10.1073/pnas.1904573117

【3章】

Clayton R N, Mayeda T.K., "Genetic relations between the moon and meteorites. In: Proc 2nd Lunar Planet" *Sci Conf.* pp 1761–1769 (1975)
Elkins-Tanton, L.T., Burgess, S., Yin, Q., "The lunar magma ocean: reconciling the solidification process with lunar petrology and geochronology." *Earth Planet. Sci. Lett.*, **304**, 326–336 (2011). https://doi.org/10.1016/j.epsl.2011.02.004.
Hartmann WK, Davis DR, "Satellite-sized planetesimals and lunar origin." *Icarus*, **24**, 504–515 (1975).
J. Haruyama, T. Morota, S. Kobayashi, et al., "Lunar Holes and Lava Tubes as Resources for Lunar Science and Exploration. in Moon" (ed. Badescu, V.) 139–163, Springer Berlin Heidelberg, 2012. doi:10.1007/978-3-642-27969-0_6
R. F. Kokaly, R. N. Clark, G. A. Swayze, et al., "USGS Spectral Library Version 7." Data Ser. (2017). doi:10.3133/DS1035.
Morota, T., Haruyama, J., Ohtake, M., et al., "Timing and characteristics of the latest mare eruption on the moon". *Earth Planet. Sci. Lett.*, **302**, 55–266 (2011). https://doi.org/10.1016/j.epsl.2010.12.028.
H. Noda, H. Araki, S. Goossens, et al., "Illumination conditions at the lunar polar

regions by KAGUYA (SELENE) laser altimeter." *Geophys. Res. Lett.*, **35**, 24203 (2008)

Rufu R, Aharonson O, Perets., "HBA multiple-impact origin for the Moon." *Nat Geosci* .10: 89–94 (2017). doi: 10.1038/ngeo2866.

P. D. Spudis, D. J. P. Martin, G. Kramer. "Geology and composition of the orientale basin impact melt sheet." *J. Geophys. Res. E Planets* , **119**, 19–29 (2014).

Taylor R., "The Moon.", *Acta Geochimica.*, **35**, 1-13 (2016)

P. H. Warren. "The magma ocean concept and lunar evolution." *Annu. Rev. Earth Planet. Sci.* **13**, 201–240 (1985).

産業総合研究所プレスリリース「月の表と裏の違いをもたらした超巨大衝突を裏付ける痕跡を発見」
https://www.aist.go.jp/aist_j/press_release/pr2012/pr20121029/pr20121029.html

【4章】

A. Colaprete, P. Schultz, J. Heldmann, et al., "Detection of water in the LCROSS ejecta plume.", *Science* (80-.), **330**, 463–468 (2010).

W. C. Feldman, S. Maurice, A. B. Binder, et al., "Fluxes of fast and epithermal neutrons from lunar prospector: Evidence for water ice at the lunar poles.", *Science* (80-.), **281**, 1496–1500 (1998).

W. C. Feldman, S. Maurice, D. J. Lawrence, et al., "Evidence for water ice near the lunar poles.", *J. Geophys. Res. Planets* , **106**, 23231–23251 (2001).

S. Epstein, H. P. Taylor., "The concentration and isotopic composition of hydrogen, carbon and silicon in Apollo 11 lunar rocks and minerals." *Proc. Apollo 11 Lunar Sci. Conf.* **2**, 1085–1096 (1970).

J. W. Freeman, H. K. Hills, R. A. Lindeman, et al., "Observations of water vapor ions at the lunar surface." *Moon*, **8**, 115–128 (1973).

He H., et al. "A solar wind-derived water reservoir on the Moon hosted by impact glass beads." *Nat Geo*, **16** 294-300 (2023).
https://doi.org/10.1038/s41561-023-01159-6

Honniball C. I. et al., "Molecular water detected on the sunlit Moon by SOFIA.", *Nature Astronomy*, **5**, 121-127 (2021). https://doi.org/10.1038/s41550-020-01222-x

Kayama M., Tomioka N., Ohtani E., et al., "Discovery of moganite in a lunar meteorite as a trace of H_2O ice in the Moon's regolith." *Sci Adv*, **4** (2018). doi: 10.1126/sciadv.aar4378

D. J. Lawrence, W. C. Feldman, R. C. Elphic, et al., "Improved modeling of Lunar Prospector neutron spectrometer data: Implications for hydrogen deposits at the lunar poles." *J. Geophys. Res.* , **111**, E08001 (2006).

D. J. Lawrence, P. N. Peplowski, J. B. Plescia, et al., "Bulk hydrogen abundances in the lunar highlands: Measurements from orbital neutron data." *Icarus* , **255**, 127–134 (2015).

D. A. Leich, T. A. Tombrello, D. S. Burnett., "The depth distribution of hydrogen in lunar materials. Earth Planet." *Sci. Lett.*, **19**, 305–314（1973）.

J. L. Margot, D. B. Campbell, R. F. Jurgens, et al., "Topography of the lunar poles from radar interferometry: A survey of cold trap locations." *Science* (80-.). **284**, 1658–1660（1999）.

M. Ohtake, Y. Nakauchi, S. Tanaka et al., "Plumes of Water Ice/Gas Mixtures Observed in the Lunar Polar Region", *The Astrophysical Journal*, **963**, 124（23pp.）,（2024）.

I. G. Mitrofanov, A. B. Sanin, W. V. Boynton, et al., "Hydrogen Mapping of the Lunar South Pole Using the LRO Neutron Detector Experiment LEND." *Science* (80-.). **330**, 483–486（2010）.

I. Mitrofanov, M. Litvak, A. Sanin, et al., "Testing polar spots of water-rich permafrost on the Moon: LEND observations onboard LRO." *J. Geophys. Res. Planets.* **117**, 0–27（2012）.

S. Nozette, P. Rustan, L. P. Pleasance, et al., "The Clementine Mission to the Moon: Scientific Overview." *Science* (80-.). **266**, 1835–1839（1994）.

C. M. Pieters, J. N. Goswami, R. N. Clark, et al., "Character and spatial distribution of OH/H_2O on the surface of the moon seen by M3 on chandrayaan-1." *Science* (80-.). **326**, 568–572（2009）.

Saal AE, Hauri EH, Cascio M Lo, et al., "Volatile content of lunar volcanic glasses and the presence of water in the Moon's interior." *Nature*, **454**, 192-195（2008）. : 192–195. doi: 10.1038/nature07047

A. B. Sanin, I. G. Mitrofanov, M. L. Litvak, et al., "Hydrogen distribution in the lunar polar regions." *Icarus*, **283**, 20–30（2017）.

P. H. Schultz, B. Hermalyn, A. Colaprete, et al., "The LCROSS cratering experiment." *Science* (80-.). **330**,, 468–472（2010）.

R. Taylor, "The Moon." *Acta Geochimica*, **35**, 1-13（2016）.

K. Watson, B. C. Murray, H. Brown. "The behavior of volatiles on the lunar surface." *J. Geophys. Res.*, **66**, 3033–3045（1961）, K. Watson et al.. "On the possible presence of ice on the Moon." *J. Geophys. Res.*, **66**, 1598-1600（1961）, J.R. Arnold. "Ice in the lunar polar regions." *J. Geophys. Res.* , **84**, 5659-5668（1979）.

長谷部信行・桜井邦朋編『早稲田大学理工研叢書シリーズ 人類の夢を育む天体「月」』, 恒星社厚生閣, 2013.

【5章】

K. Watson, B. C. Murray, H. Brown. "The behavior of volatiles on the lunar surface." *J. Geophys. Res.*, **66**, 3033–3045（1961）, K. Watson et al.. "On the possible presence of ice on the Moon." *J. Geophys. Res.*, **66**, 1598-1600（1961）, J.R. Arnold. "Ice in the lunar polar regions." *J. Geophys. Res.* , **84**, 5659-5668（1979）.

S. Epstein, H. P. Taylor. "The concentration and isotopic composition of hydrogen, carbon and silicon in Apollo 11 lunar rocks and minerals." *Proc. Apollo 11 Lunar Sci. Conf.* **2**, 1085–1096 (1970).

D. A. Leich, T. A. Tombrello, D. S. Burnett. "The depth distribution of hydrogen in lunar materials." *Earth Planet. Sci. Lett.*, **19**, 305–314 (1973).

J. W. Freeman, H. K. Hills, R. A. Lindeman, et al., "Observations of water vapor ions at the lunar surface." *Moon*, **8**, 115–128 (1973).

S. Nozette, P. Rustan, L. P. Pleasance, et al., "The Clementine Mission to the Moon: Scientific Overview." *Science* (80-.). **266**, 1835–1839 (1994).

W. C. Feldman, S. Maurice, A. B. Binder, et al., "Fluxes of fast and epithermal neutrons from lunar prospector: Evidence for water ice at the lunar poles." *Science* (80-.). **281**, 1496–1500 (1998).

W. C. Feldman, S. Maurice, D. J. Lawrence, et al., "Evidence for water ice near the lunar poles." *J. Geophys. Res. Planets*, **106**, 23231–23251 (2001).

D. J. Lawrence, W. C. Feldman, R. C. Elphic, et al., "Improved modeling of Lunar Prospector neutron spectrometer data: Implications for hydrogen deposits at the lunar poles." *J. Geophys. Res.* , **111**, E08001 (2006).

J. L. Margot, D. B. Campbell, R. F. Jurgens, et al., "Topography of the lunar poles from radar interferometry: A survey of cold trap locations." *Science* (80-.). **284**, 1658–1660 (1999).

D. J. Lawrence, P. N. Peplowski, J. B. Plescia, et al., "Bulk hydrogen abundances in the lunar highlands: Measurements from orbital neutron data." *Icarus* , **255**, 127–134 (2015).

C. M. Pieters, J. N. Goswami, R. N. Clark, et al., "Character and spatial distribution of OH/H_2O on the surface of the moon seen by M3 on chandrayaan-1." *Science* (80-.). **326**, 568–572 (2009).

I. G. Mitrofanov, A. B. Sanin, W. V. Boynton, et al., "Hydrogen Mapping of the Lunar South Pole Using the LRO Neutron Detector Experiment LEND." *Science* (80-.). **330**, 483–486 (2010).

I. Mitrofanov, M. Litvak, A. Sanin, et al., "Testing polar spots of water-rich permafrost on the Moon: LEND observations onboard LRO." *J. Geophys. Res. Planets* **117**, 0–27 (2012).

A. B. Sanin, I. G. Mitrofanov, M. L. Litvak, et al., "Hydrogen distribution in the lunar polar regions." *Icarus* **283**, 20–30 (2017).

P. H. Schultz, B. Hermalyn, A. Colaprete, et al., "The LCROSS cratering experiment." *Science* (80-.). **330**, 468–472 (2010).

A. Colaprete, P. Schultz, J. Heldmann, et al., "Detection of water in the LCROSS ejecta plume." *Science* (80-.). **330**, 463–468 (2010).

長谷部信行・桜井邦朋編『人類の夢を育む天体「月」―月探査機かぐやの成果に立ちて』, 恒星社厚生閣, 2013.

久野治義・長谷部信行著『あなたの超小型衛星を作ってみませんか?―設計・製作から運用

まで』恒星社厚生閣，2023.

M. Naito, N. Hasebe, H. Nagaoka, et al., "Iron distribution of the Moon observed by the Kaguya gamma-ray spectrometer: Geological implications for the South Pole-Aitken basin, the Orientale basin, and the Tycho crater." *Icarus,* **310**, 21–31 (2018).

J. Haruyama, T. Morota, S. Kobayashi, et al., "Lunar Holes and Lava Tubes as Resources for Lunar Science and Exploration.", in Moon (ed. Badescu, V.) 139–163 (Springer Berlin Heidelberg, 2012). doi:10.1007/978-3-642-27969-0_6.

M. Naito, N. Hasebe, M. Shikishima, et al., "Radiation dose and its protection in the Moon from galactic cosmic rays and solar energetic particles: at the lunar surface and in a lava tube." *J. Radiol. Prot.* **40**, 947–961 (2020).

N. Yamashita, N. Hasebe, R. C. Reedy et al., "Uranium on the Moon: Global distribution and U/Th ratio." *Geophys. Res. Lett.* **37**, L10201 (2010).

T. H. Prettyman, J. J. Hagerty, R. C. Elphic et al., "Elemental composition of the lunar surface: Analysis of gamma ray spectroscopy data from Lunar Prospector." *J. Geophys. Res. Planets.* **111**, E12007 (2006).

【6章】

吉村義隆・塩谷圭吾・小林憲正・佐々木聡・山岸明彦，"宇宙における生命兆候探査"，BUNSEKI KAGAKU，70（6），309-326（2021）．

小林憲正著『地球外生命』，中公新書，2021．

東工大ニュース，火星衛星フォボスとディモスの形成過程を解明—JAXA火星衛星サンプルリターン計画への期待高まる—
http://www.titech.ac.jp/news/2016/035625

JAXA, MMX (Martian Moons exploration), 2024.6 [online]
https://www.mmx.jaxa.jp/en/

JAXA，火星衛星探査計画（MMX）
https://www.jaxa.jp/projects/sas/mmx/index_j.html（参照 2024.6）

C.J. Hansen et al., "Enceladus' Water Vapor Plume,"*Science* 311, 5766, 1422-1425 (2006). doi:10.1126/science.1121254

EXOKYOTO，系外惑星の探し方
https://www.exoplanetkyoto.org/study/method/（参照 2024.6）

国立天文台太陽系外惑星探査プロジェクト室，観測装置，IRD
https://exoplanet.mtk.nao.ac.jp/instrument/ird

Los Angeles Times, Milky Way may host billions of Earth-size planets, 2024-06 [online]
https://www.latimes.com/science/la-sci-earth-like-planets-20131105-story.html

Petigura, E.A., Howard, A.W. Marcy, G.W., "Prevalence of Earth-size planets orbiting Sun-like stars". *PNAS*, **110**, (48), 19273–19278. arXiv:1311.6806 (2013)

パラバース，地球に近い「ウォルフ1069b」に水や大気はある? 31光年先にあるハビタブルゾー

ン圏内の系外惑星

　　https://para-verse.net/wolf1069b-toha/#google_vignette（参照 2024.6）
PLANETARY HABITABILITY LABORATORY, HABITABLE EXOPLANETS CATALOG, 2024-06 ［online］
　　https://phl.upr.edu/projects/habitable-exoplanets-catalog
TESS Science Support Center, 2024-06 ［online］
　　https://heasarc.gsfc.nasa.gov/docs/tess/
JAMES WEBB SPACE TELESCOPE, GODDARD SPACE FLIGHT CENTER, 2024-06 ［online］ https://www.jwst.nasa.gov/
NASA's next exoplanet hunter will seek worlds close to home
　　https://www.nature.com/articles/d41586-018-03354-7
TOKYO EXPRESS，ジェームス・ウエブ宇宙望遠鏡−サンシールドと主鏡の展開に成功
　　http://tokyoexpress.info/2022/01/17/（参照 2024.6）
sorae，地球サイズの系外惑星が7つもある恒星「トラピスト1」
　　https://sorae.info/astronomy/20220223-trappist1.html（参照 2024.6）
AstroArts，地球とよく似たサイズと温度の系外惑星，見落としからの発見
　　https://www.astroarts.co.jp/article/hl/a/11207_kepler1649c（参照 2024.6）
S.L. Grimm et al., "The nature of the TRAPPIST-1 exoplanets", *Astronomy & Astrophysics* **613**, A68（2018）
A. Vanderburg et al., "A Habitable-zone Earth-sized Planet Rescued from False Positive Status", *The Astrophysical Journal Letters*, 893: L27 (8pp), 2020, DOI 10.3847/2041-8213/ab84e5
Wired Japan，20年でアルファ・ケンタウリに探査機到達を目指すプロジェクト
　　https://wired.jp/2016/04/16/breakthrough-starshot/（参照 2024.6）
Space news, NASA to support initial studies of privately funded Enceladus mission, 2024.6 ［online］
　　https://spacenews.com/nasa-to-support-initial-studies-of-privately-funded-enceladus-mission/
田村元秀著『新天文学ライブラリー1 太陽系外惑星』，日本評論社，2015.
小林憲正著『アストロバイオロジー　岩波科学ライブラリー』，岩波書店，2008.
小林憲正著『地球外生命 アストロバイオロジーで探る生命の起源と未来』，中公新書，2021.
関根康人著『土星の衛星タイタンに生命体がいる!』，小学館新書，2013.
M. Gargaud et al., (eds), Encyclopedia of Astrobiology, 2nd Ed. Springer, 2015.

あとがき

　人類の歴史は戦いの歴史であり、いまでも世界中のどこかで戦いが起こっています。それらは食べ物や土地、鉱物資源や化石燃料を巡る争いで、古くは生きるための水を巡った争いも存在しています。日本にも古くから水場争いという言葉があり、現代社会においても水利権なるものが存在します。水資源の確保は人類史に深く刻まれた重大な死活問題の一つなのです。宇宙を志す人々の中で、この歴史的に繰り返されてきた問題の根本的な解決のために宇宙開発に夢を馳せる者は決して少なくないはずです。宇宙に土地を求め、資源を求めることで、人類がもつ矛盾の解決が図れるとすれば、何と素晴らしいことでしょうか。ただし、本書で述べてきたように、宇宙空間で水を発見し生成することは、現段階では決してたやすいことではありません。SF映画などに宇宙海賊なるものがでてきます。水を生産するプラントをもっていない彼らは口々にこう叫ぶかもしれません。

「命が惜しければ、あり水全部差し出せ」

　これから訪れる宇宙大航海時代に、読者の皆さんなら何をしますか？　月や火星への永住の話がありますが、当然土地が増えるので不動産ビジネスはこれまでに類をみない規模で展開されるでしょう。鉱物資源天体を所持して鉱山主になる大富豪も現れてくるでしょう。レアメタル小惑星を小惑星帯から曳航してきて、資源採掘衛星として地球の静止軌道上に留めおき、莫大な運送コストの低減を図る。そんな設定がSF映画の中にもありました。

　宇宙空間では微小重力施設がつくりやすいです。現在、先進国では少子高齢化社会が進んでいます。微小重力なら寝たきりになってしまった高齢者の抱える床ずれの解消が図れるかもと、思いを巡らせてみました。

最後はとりとめもないことを書きましたが、世界が抱える現実問題の解決法の一つとして、宇宙開発が注目されているのではありません。そこには、私たちの本質である冒険心・探求心、すなわち、誰も見たことのない景色を見てみたいというロマンがあります。

　人類は 50 年以上も前に、宇宙の開発をしかけました。宇宙開発の科学技術は当時に比べ格段に進歩しています。これまでは国家プロジェクトで進められてきましたが、今では民間企業が活躍しています。宇宙への航海は、その気があるかどうかで決まります。空を見上げるだけではだめです、翼を大きく広げ宇宙に飛び出しましょう。

　最後になりましたが、本書の出版に当たり機会を与えてくださり、また、長期間にわたり有益な議論や助言を頂き、更に情報が分かり易くなるようにご指導いただいた恒星社厚生閣の白石佳織さんに深くお礼を申し上げます。

　2024 年 7 月　　　　　　　　　　　　　　　　　　　　　長谷部信行
　　　　　　　　　　　　　　　　　　　　　　　　　　　　内藤雅之
　　　　　　　　　　　　　　　　　　　　　　　　　　　　清水創太

索　引

アルファベット

CSA　100
DNA　24
ESA　100
HALO　108
Hartmann　59
JAXA　100
K2-18b　150
LCROSS（Lunar Crater Observation and Sensing Satellite）　96
LEND（Lunar Exploration Neutron Detector）　96
LHS 1140b　150
LIDAR　142
LRO　75, 79, 96
M3　94
Mars Moon Exploration（MMX）　139
MEGANE　141
MIRS　142
MPCV　104
NASA　100
NRHO　109
SIDE　88
SLS（Space Launch System）　103
TESS（Transiting Exoplanet Survey Satellite）　148, 151, 153
UAE　137

ア行

アイスライン　15
アポロ14号　88
アポロ回収試料　84
アポロ計画　79
アミノ酸　31
アルテミス1　106
アルテミス2　106
アルテミス3　106
アルテミス4　107
アルテミス5　107
アルテミス計画　63, 99
アンモニア　4
生き物　23

異常液体　7
イトカワ　53
インサイト　137
インジェニュイティ（Ingenuity）　138
隕石　31
インブリウム　73
ウイルス　44
ウォルフ1069　151
宇宙開発　101
宇宙起源説　30
宇宙基地　99
宇宙資源　101
宇宙塵　31
宇宙生物学　46
宇宙物理学　21, 164
宇宙望遠鏡　47
海　68
エアロジェット・ロケットダイン社　103
永久影　66
栄養素　9
エウロパ　22, 30, 131
液体水素　17
液体燃料　20
エッジワース・カイパーベルト　53
エネルギー循環　39
M型星　149, 163
エラトステネス　74
L2（第2ラグランジュ点）　156
遠隔探査　100
遠赤外線　155
エンセラダス　22, 30, 131
往復技術　141
オゾン　19
オゾン層　19, 25
オリエンターレ盆地　76
オリオン宇宙船　103, 106
降りたいところに降りる　116
降りやすいところに降りる　116
オリンポス山　135
温室効果　28, 29, 162, 164
　──ガス　164
温泉　133

カ行

回収試料　80
回収装置　141
海水　14
外部水　82
核　14
　──分裂　127
かぐや（SELENE）　51, 126
核融合発電　127
火山性ガラス　80
火山爆発活動　38
火星　131
　──宇宙ステーション　141
　──圏　141
　──の古代の湖底　138
　──の生命探査　134
　──の地下構造　137
　──ヘリコプター　138
　──有人探査　102
化石燃料　16
ガニメデ　30, 131
カベウス・クレーター　97
カリスト　131
ガリレオ・ガリレイ　131
岩石惑星　15, 54
乾燥した月　93
観測技術　164
ガンマ線分光計　126
カンラン石　56, 68, 69
輝石　68, 69
揮発性物質　15, 98
吸収　12
キュリオシティ（Curiosity）　136
共生　45
兄弟説　58
共有結合　2, 30
共有電子対　2
極限環境　41
　──微生物　42
極性物質　2
巨大衝突説　58
巨大な隕石衝突　38
銀河宇宙線　91
金星探査機「あかつき」　116
近赤外線　69, 155

近赤外分光カメラ　94
近赤外領域　86
金属核　55
金属資源　121
クラスター　3
クレーター年代測定　72
クレメンタイン　67
系外惑星（Exoplanet）　47, 131, 145
　──探査　148
　──探査衛星　151
軽元素　98
形成モデル　57
KREEP 層　71
K 型星　148
ゲートウェイ計画　99
K-Pg 境界大量絶滅　38
ゲール・クレーター　136
月面基地建設　100
月面着陸　100
月面ピンポイント着陸　51
ケプラー 452b　150
ケプラー宇宙望遠鏡　131, 148, 152
ケプラー衛星　151
原核生物　36, 163
原子核反応　127
原始太陽系　15
原始太陽系円盤　53
原始的生物　25
原子力発電　127
顕生代　25
原生代　36
元素組成　149
ケンタウルス座α星 A　149
ケンタウルス座α星系　165
玄武岩　69
光学望遠鏡　157
後期重爆撃期　35
光合成　8, 35
　──生物　25
高信頼性化　112
高精度着陸　116
恒星のスペクトル　149
高地　68
高分解能揮発性ムーンマッパー　116
高分子　30

氷地殻　143
小型化　112
小型月着陸実証機「SLIM」　51，116
国際宇宙ステーション（ISS）　102
国際居住棟（I-HAB）　107，109
古細菌（アーキア）　43
固体燃料　20
コペルニクス　74
コンドライト隕石　60
根毛　10

サ行

サービスモジュール（Service Module, SM）　104
細菌　36，163
細菌（真正細菌）　43
細胞　23
　──膜　23
再溶融　70
材料科学　164
サターン（Saturn）V　103
酸化剤　17，20
三重水素　127
酸化物　18
3重点　6
酸素原子　2
酸素の同位体　59
三態変化　5
サンプリング技術　141
サンプルリターン　99
　──ミッション　139
三要素　28
散乱　12
シアノバクテリア　36
G型主系列　149
G型星　148
ジェイムズ・ウェッブ宇宙望遠鏡（JWST）　114，151，155
ジェゼロ・クレーター　138
ジェットエンジン　20
ジェットプリューム　143
栞（SHIORI）クレーター　118
時間領域（タイムドメイン）観測　49
資源探査　106
始原的隕石　60，85
資源利用（ISRU：In-SituResource Utilization）

106
自己増殖　23
自然界の大循環　8
自然淘汰　25
持続可能な宇宙開発　120
質量分析装置　88
自転軸　66
脂肪　30
ジャイアントインパクト説　58
斜長岩　68
斜長石　68
重水素　127
集積化　112
重力天体　117
主鏡　156
主星　28
循環型エネルギー　17
乗員モジュール（Crew Module, CM）　104
使用温度範囲　65
昇華　6
嫦娥5号　79
蒸散　10
衝突のエネルギー　70
衝突盆地　73
消費　40
小惑星探査　109
　──機　53，116
植食性動物　32
食物連鎖　39
初代星　158
シリカ微粒子　144
自律化　112
深宇宙　108
深海底　133
　──の熱水　5
深海熱水噴出孔域　41
真核生物　43
新生代　26
人類　27
水酸化ナトリウム　18
水酸基　85，87
水蒸気イオン　88
推進剤　20
彗星　98
水素原子　2

179

スターチアン氷河期　25
砂嵐　135
スノーライン　15, 54
スピッツァー宇宙望遠鏡　151, 155
SpaceX Falcon Heavy ロケット　108
生産　40
成層圏赤外線天文台 SOFIA　114
生物絶滅イベント　25
生物の起源　22
生物の進化　38
生命　23
　──環境　35
　──居住可能領域　28
　──体　23
　──探査　132
　──の定義　23
赤色矮星　151, 161
石炭紀　37
脊椎動物　25, 26
赤方偏移　158
接触表面積　11
全球凍結　25
前駆物質　53
その場観測　99
損傷　24

タ行

第2宇宙速度　165
第3宇宙速度　165
タイガーストライプ　143
大酸化イベント　36
代謝　23
タイタン　131
ダイモス　139
太陽系外縁天体群　53
太陽系外での生命探査　47
太陽系外惑星（Extrasolar planet）　145
太陽系内天体　131
太陽系内の生命探査　47
太陽系の誕生や進化　101
太陽光エネルギー　39
太陽光発電　63, 65, 126
太陽電池パネル　121
太陽風　85, 128
大量絶滅イベント　38

多細胞生物　19, 25
脱炭素社会　17
種子島宇宙センター　118
多様な生物　21
単細胞　36
淡水　14
炭水化物　30
炭素質隕石　31
タンパク質　30
済州島　123
地殻　55
地球外生命　47, 131
　──探査　144
地球型惑星　15, 54
　──ウォルフ1069b　150
地球起源説　30
地球最古　35
地球内部　14
チクシュルーブ・クレーター　38
地質活動　143
チタン鉄鉱　128
知的生物　27
知的な生命体　47
チャンドラヤーン1号　79, 94
中継基地　108, 109
中性子　86
　──スペクトル　91
　──分光計　79
中赤外線　155
チューブワーム　40
超新星爆発　38, 52
長石　56
潮汐力　142
潮汐ロック　151
超低温星　163
超臨界流体　6
直流電圧　17
月軌道プラットフォーム・ゲートウェイ　108
月極域探査機「LUPEX」　116
月周回軌道（NRHO）　108
月探査機「かぐや」　116
月熱マッパー　116
月の起源　57
月の日照時間　64
月の極域　92

月の自転周期　68
月の縦孔　122
月の地質年代　73
D-^{3}He 反応　127
D-D 反応　128
D-T 反応　127
データ処理技術　164
デボン紀　37
電気陰性度　2
電気分解　17, 18
天王星型惑星　54
天文学　21, 164
天文台 SOFIA　113
糖　31
導管　10
特異な性質　1
特異な惑星　1
ドップラー法　146, 147
トラピスト -1（TRAPPIST-1）　150, 159
トランジェット系外惑星探査衛星 ⇒TESS　153
トランジット観測　151
トランジット法　146
トロワンス -1d　150

ナ行

内部海　30
内部水　82
南極エイトケン盆地　73
南極探査　109
肉食性動物　32
二酸化ケイ素　18
日照領域　66
熱外中性子　92, 130
熱外領域　130
熱水噴出孔　40
　——付近　133
熱中性子　130
燃料　17, 20
　——電池　17

ハ行

パーシビアランス　137
ハーバード式の分類　149
バイオマス　16
バイキング 1 号・2 号　135

バイキング計画　135
白亜紀末期　25
はくちょう座　151
バス機器　112
発熱反応　18
ハッブル宇宙望遠鏡　151, 155
ハビタブルゾーン（Habitable zone）　28, 148,
　152
はやぶさ 1　53, 116
はやぶさ 2　53, 116
反射　12
　——率　69
万能溶媒　8
万有引力　61
PKT 領域（Procellarum KREEP Terrane）
　126
被子植物　27
微生物　43, 133
　——の生態系　5
ヒドロキシル基　85
白夜　65
ヒュロニアン氷河期　25
表面温度　149
表面張力　10
微惑星　14, 54
ファラデー定数　18
フェニックス　136
フォボス　139
副鏡　156
複製増殖　23
沸点　4
フライバイ　134
ブラックスモーカー　40
プリューム　144
フレア爆発現象　163
プレソーラ粒子　53
プロキシマ・ケンタウリ b　150
分解　40
分光法　86
分子極性　8
分子生物学　31
噴射速度　20
分裂説（親子説）　58
平衡温度　162
ベースン　73, 75

ペガスス座51番星b（51 Pegasi b）　145
ヘリウムの同位体（^{3}He）　127
変異体　25
崩壊エネルギー　70
放射スペクトル　149
放射性同位体　71
放射線防護　63
放射線量　150
捕獲説　57
ホットジュピター　145
ほ乳類　27

マ行

マーズ・サイエンス・ラボラトリー（Mars Science Laboratory）　136
マーズ 2020　137
マース・パスファインダー計画　136
マーズ・リコネッサンス・オービター（MRO）　132
マイグレーション　86
－OH基　85
膜　23
マグマ　55
　──オーシャン　55
　──の海　14
　──の流れ道　123
摩擦熱　142
マリウス丘　122
マリナー4号　21, 134
マリナー9号　21, 134
マリネリス峡谷　135
マリノアン氷河期　25
マルス2号・3号　135
マントル　14, 55
　──対流　41
神酒の海　118
水　2
　──が存在　89
　──氷存在量　79
　──資源　13
　──探査　96
　──の3態　5
　──の惑星　14
無機物　30, 133
無脊椎動物　25, 26
メインベルト　60

免疫系の調節　45
毛細管現象　10
木星型惑星　54

ヤ行

有機化学　31
有機化合物　31, 98
有機物　28, 30, 133
有人火星探査　109
有人活動　62
有人月面着陸船（HLS）　110
融点　4
与圧ローバー　109
溶岩洞　123
横穴　124

ラ行

ラン藻　36
リモートセンシング測定　79
リュウグウ　53
ルナトレイルブレイザー　115
ルナプロスペクター　79, 80
霊長類　38
レイトベニア説　83
レーダー観測　89
レゴリス　102, 121
老廃物　9
ロケットエンジン　17, 20
ロケット技術　164
ロケット燃料　16, 17
ロボットアーム SHERLOC　139

ワ行

惑星科学　21, 164
惑星大気　153
惑星探査　101

長谷部信行（はせべ のぶゆき）
早稲田大学名誉教授、理学博士；早稲田大学理工学部卒；愛媛大学（1970-1998）、早稲田大学（1998-2019）を歴任；MEPhI（露）、IRAP（仏）、Mainz 大学（独）の客員教授。専門分野：放射線物理学、宇宙線物理学、惑星科学

内藤雅之（ないとう まさゆき）
国立研究開発法人 量子科学技術研究開発機構主任研究員；早稲田大学先進理工学部卒、博士（理学）；早稲田大学助手（2016-2019）を経て現職（2019-）；専門分野：放射線物理学、線量評価、惑星科学

清水創太（しみず そうた）
愛知工科大学工学部情報メディア学科教授；名古屋大学大学院電子機械工学専攻，博士（工学）；芝浦工業大学デザイン工学部教授（2018-2024）を経て現職（2024-）；専門分野：ロボティクス，人工知能，知能機械学

宇宙の水を求めて
水探査から始まる宇宙大航海

長谷部信行・内藤雅之・清水創太 著

2024 年 9 月 2 日　　初版 1 刷発行

発行者	片岡一成
印刷・製本	株式会社シナノ
発行所	株式会社恒星社厚生閣
	〒160-0008　東京都新宿区四谷三栄町 3-14
	TEL：03-3359-7371
	FAX：03-3359-7375
	http://www.kouseisha.com/

ISBN978-4-7699-1714-4　C0044

©Nobuyuki Hasebe, Masayuki Naito and Sota Shimizu, 2024

（定価はカバーに表示）

JCOPY ＜（社）出版者著作権管理機構　委託出版物＞
本書の無断複写は著作権上での例外を除き禁じられています．複製される場合は，そのつど事前に，出版社著作権管理機構（電話03-5244-5088，FAX03-5244-5089，e-mail:info@jcopy.or.jp）の許諾を得て下さい．

好 評 発 売 中

あなたの超小型衛星を作ってみませんか？
設計・製作から運用まで
久野治義・長谷部信行 著［B5 判・336 頁・定価 5,720 円（税込）］

人工衛星の基礎知識、ロケット・探査機開発の歴史を概説。そして今後の宇宙産業の必須アイテムである超小型衛星の製作と打上げについて、必要な手順を中心に平易に解説する。宇宙産業に関心をもつ方のためのガイドブック。

人類の夢を育む天体「月」
─月探査機かぐやの成果に立ちて
長谷部信行・桜井邦朋 編［A5 判・256 頁・定価 3,080 円（税込）］

人類にとって最も身近な天体である「月」。アポロ計画以前から始まった月研究の変遷をたどり、現在までに解明された月の科学的知見を、探査機「かぐや」の成果とともに紹介する。また月資源の利用、月面基地など、今後の宇宙科学のフロンティア開拓となる月開発の素描に迫る。

火星ガイドブック
鷹　宏道 著［A5 判・160 頁・オールカラー定価 2,860 円（税込）］

火星の魅力をたっぷり紹介。模様の秘密、四季、気候、砂嵐、地形、そして火星探査の歴史、生命の存在可能性など、小さな望遠鏡で観察しスケッチしていた先人の観測から現在の知見までを、200 余の写真、図表を配置しオールカラーで解説する。

木星・土星ガイドブック
鷹　宏道 著［A5 判・206 頁・オールカラー・定価 3,300 円（税込）］

木星と土星の魅力をたっぷり紹介。木星の大赤斑、土星の美しいリング、2 惑星の様々な姿をした個性的な衛星たち、木星土星のオーロラ、観測から明らかになった大気や深層の構造、探査機の歴史と成果など現在の知見を解説する。図表 200 点超掲載。

星間空間の時代
ジム・ベル 著、古田　治訳［A5 判・272 頁・定価 3,080 円（税込）］

私たちが派遣した最遠の使者・ボイジャー宇宙探査機。ミッションに携わった、卓越したチームメンバーたちの約半世紀にわたる情熱的な活動の記録とは。探査機がもたらした新たな発見が、次々と人々の理解を一変させていった当時の熱気を伝える。

恒星社厚生閣